改訂増補版 機械検査 試験対策

学科編

はじめに

　本書は平成 26 年に改訂した書籍の増補版です。今回の改訂では、近年出題に多く出ている計測用語などを追加しています。図面を多くして基礎学習も学べるようにしております。技能検定・機械検査職種の機械検査作業の学科を受検される皆様のための参考書です。

　本書に「試験対策」と名称がついているのは、機械検査研究委員会が「重要」と思われる内容をまとめたもので、まさに試験に「合格」するために学ばなければいけない必要事項をまとめた合格対策テキストです。

　「重要」の基準として、過去に繰り返し出題されている箇所や今後も出題される可能性があり学習しておいたほうが良いということです。

　本書の構成は「出題基準・細目」に準じた順序を章ごとに編集しております。なお、このテキストは1～3級の受験者が対応できるようにすべてを網羅した参考書です。最後に学習の成果のチャレンジとして模擬試験問題があります。

　過去問題を多く学習したい場合は、弊社の「機械検査の学科過去問題と解説」を購入して学習してください。

令和2年 10 月

機械検査研究委員会

技能検定の受検要項

1　技能検定制度とは

　技能検定は、「働く人々の有する技能を一定の基準により検定し、国として証明する国家検定制度」です。技能検定は、技能に対する社会一般の評価を高め、働く人々の技能と地位の向上を図ることを目的として、職業能力開発促進法に基づき実施されています。

　技能検定は昭和 34 年に実施されて以来、年々内容の充実を図り、平成 31 年4月現在 111 職種について実施されています。技能検定の合格者は平成 30 年度までに 453 万人を超え、確かな技能の証として各職場において高く評価されています。

2　技能検定の等級

　技能検定には、現在、特級、1級、2級、3級に区分するもの、単一等級として等級を区分しないものがあります。それぞれの試験の程度は次のとおりです。

　　特　　　　級・・・管理者または監督者が通常有すべき技能の程度

　　1級、単一等級・・・上級技能者が通常有すべき技能の程度

　　2　　　　級・・・中級技能者が通常有すべき技能の程度

　　3　　　　級・・・初級技能者が通常有すべき技能の程度

　技能検定の合格者には、厚生労働大臣名（特級、1 級、単一等級）または、都道府県名（2、3級）の合格証書が交付され、技能士と称することができます。また、技能検定合格者には、他の国家試験を受検する際に特典が認められる場合があります。

3　技能検定試験の内容

　技能検定は、国（厚生労働省）が定めた実施計画に基づいて、試験問題等の作成については、中央職業能力開発協会が試験の実施については各都道府県がそれぞれ行うこととされています。技能検定では、「技能検定試験の基準およびその細目」が職種別、等級別に定められ、それぞれに要求される技能についての実技試験および学科試験の範囲と程度が具体的に規定されています。

　学科試験は、職種（差作業）、等級ごとに全国統一して行われますが、実技試験は都道府県により違います。

　合格基準は、100点を満点として、実技試験は60点以上、学科試験は65点以上です。実技試験は、試験日に先立って課題が公表されます。受検資格は、原則として実務経験が必要ですが、その期間は学歴や職業訓練歴により異なります。また、一定の資格や能力を持つ方については、学科または実技試験が免除される場合もあります。

4　技能検定の実施と手続き

　試験は、職種により前期と後期に分かれて全国的に行われますが、「機械保全」職種は、3級が前期に行い、1・2級は後期に行われています。

　受検の申込みは、受付期間内に受検手数料を添えて、受検申請書を各都道府県の職業能力開発協会に提出します。

　受検手数料は検定職種ごとに各都道府県において定められています。

　詳しくは、

　中央職業能力開発協会（TEL 03-6758-2859、http://www.javada.or.jp）または、各都道府県の職業能力開発協会にお問い合わせください。

目　次

第9章　製図

第10章　安全衛生

第1章
測定法

1．長さ測定
2．測定器
3．ねじの測定
4．歯車の測定
5．角度の測定
6．幾何公差と測定
7．表面粗さ
8．内径・外径の測定

1．長さ測定

1）SI単位

　SI単位は、**図 1-1** のように構成されています。基本単位は**表 1-1** の7個です。それらの単位を乗除して、面積の平方メートル（m²）、速さのメートル毎秒（m／s）のように、組立てられた多数の組立単位があります。（**表 1-2**）

図 1-1　ＳＩの仕組み

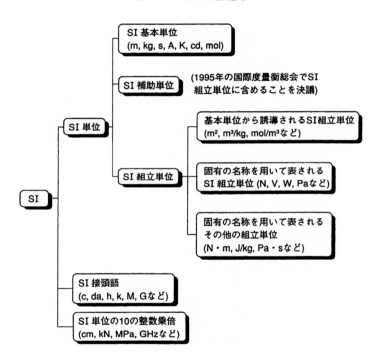

表 1-1　ＳＩ基本単位

基本量	名　称	記　号
長　さ	メートル	m
質　量	キログラム	kg
時　間	秒	S
電　流	アンペア	A
熱力学温度	ケルビン	k
物質量	モル	mol
光　度	カンデラ	cd

表 1-2　ＳＩ組立単位

組　立　量	名　称	記　号
面　積	平方メートル	m^2
体　積	立方メートル	m^3
速さ、速度	メートル毎秒	m/s
加速度	メートル毎秒毎秒	m/s^2
波　数	毎メートル	m^{-1}
質量密度（密度）	キログラム毎立方メートル	kg/m^3
比体積	立方メートル毎キログラム	m^3/kg
電流密度	アンペア毎平方メートル	A/m^2
電界の強さ	アンペア毎メートル	A/m
（物質量の）濃度	モル毎立方メートル	mol/m^2
輝　度	カンデラ毎平方メートル	cd/m^2

２．測定器

測定器の区分・名称などを分類したものを**表 1-3** に示します。

表 1-3　測定器の分類

区分	名　称	最小目盛	精　度	測定範囲	測 定 機 構	備　考
実長測定器	ものさし	1 (0.5) mm	± 50 μ	限定せず		精度は最良状態
	ノギス	0.05 (0.02)	± 20	種々	副尺併用	精度は最良状態
	マイクロメータ	0.01 (0.001)	± 2	25 とび	ねじ送りを回転角度に拡大	精度は測定範囲が 0 ～ 25
	デプスゲージ	0.05 (0.02)	± 20	種々		精度は最良状態
	ハイトゲージ	0.05 (0.02)	± 20	種々		精度は最良状態
	ブロックゲージ		00 級± 0.05 0 級± 0.10 1 級± 0.20 2 級± 0.40	種々	呼び寸法が極めて精密で、2 個の面を合わせると密着する。これをリンギングといい、必要寸法をリンギングして出し、使用する。	精度は寸法許容量と平行度の許容差とがあり値が異なる。また呼称寸法の大きさによっても異なる。
比較測定器	ダイヤルゲージ	0.01 (0.001)	± 10 (± 3)	0 ～ 10mm (0 ～ 1)	バーの動きを歯車で拡大	精度は最良状態
	ミ ニ メ タ	0.001	± 0.5	± 0.01 (± 0.03)	てこを応用して拡大	
	マイクロインヂケータ	0.001	± 3	± 0.1	ダイヤルゲージと同様、回転範囲を狭くし精度を上げたもの	
	オルソテスト	0.001	± 0.5	± 0.1	てこと歯車機構で二重に拡大	
	オプチメータ	0.001	± 0.15	± 0.1	光学的てこ	
	オプチカルフラット	しま模様	0.05、0.1、0.2	Φ 45 ～ 130	光波干渉じま	
	オプチカルパラレル	しま模様	0.10、0.20	Φ 30	光波干渉じま	
	光 波 干 渉 計	0.0001	± 0.02	± 0.005	光波干渉じま	精度は一例
	空気マイクロメータ	0.001	± 0.8	± 0.015	狭いすきまから流出する空気の流圧抵抗の変化	精度は一例
	電気マイクロメータ	0.0005	± 0.25	± 0.015	電磁気的方法	精度は一例
角度測定器	角 度 ゲ ー ジ		単独± 12° 2 枚組合± 24°	限定せず	呼び角度の極めて正確なゲージブロックを組合せ必要角度を出し使用する。	
	直角定規（スコヤ）				90°の正確な固定角の標準ゲージと考えられる。	
	水 準 器	1目盛 4° 1目盛 10° 1目盛 20°	(1種) (2種) (3種)		水平又は垂直を測定する。僅かな傾き程度も測定できる。	気泡式の簡単なものから電気式の高精度のものまである。
	角 度 定 規 （ベベルプロトラクタ）	1°	± 5′	限定せず	目盛円板と直定規の組合せ	バーニヤ付きの最良状態における精度
	サインバー		± 5′		角度を寸法に変換し測定する。	

1）ノギス

　機械部品の外側あるいは内側の寸法を2つの測定ジョウ（目盛尺とバーニャ）によって測定する工具です。最大測定長さは、100 〜 1000 mmまでのものがあり、バーニャで読み取れる最小目盛は 0.05 mmと 0.02 mmです。

　本尺の1mmに対してバーニャ（副尺）が 0.95 mmであり、その差は 0.05 mmです。本尺と副尺とが1目盛の差で合致するときは、0.05 mmと読めます。

　2目盛では2× 0.05 = 0.10 mm、3目盛では3× 0.05 = 0.15 mmとなります。

　図 1-2 では副尺の4目盛のところで一致しているので、4× 0.05 = 0.20 mmとなります。これに本尺は 16 mmであり、16 + 0.20 = 16.20 mmと読みます。

図 1-2　ノギスと目盛の読み方

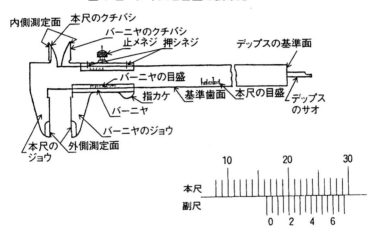

2）マイクロメータ

　マイクロメータの各部の名称と構造を図 1-3（a）に示します。アンビルとスピンドルの間にはさんだ測定物の寸法を、精密なねじなどのピッチを利用して測定する構造です。一周 50 目盛りに切ったシンブル1目盛で 0.5/50 = 0.01 mm進むことになります。測定例の図 1-3（b）では、8.62 mmと読めます。

図1-3 マイクロメータ

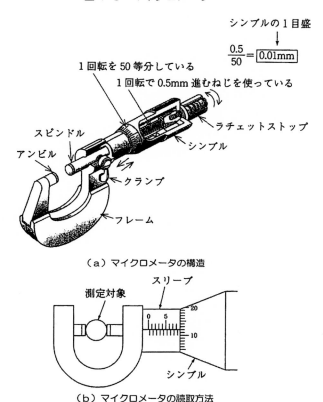

（a）マイクロメータの構造

（b）マイクロメータの読取方法

3）マイクロメータの主な種類

①外側マイクロメータ：外径専用のマイクロメータ。

②内側マイクロメータ：穴の径やみぞの幅を測るマイクロメータ。キャリパ形は5〜25 mm、25 〜 50 mmのものが使用される。

③マイクロメータヘッド：外側マイクロメータのフレームとアンビルの部分を取り除いたものであり、保持具に取付け、基準ゲージに合せて使用する。

④ディプスマイクロメータ：穴の深さや段差寸法の測定を行う。

⑤指示マイクロメータ：マイクロメータの機構の中に、てこ歯車式の拡大機構を取入れ、ダイヤル表示したもの。

⑥その他のマイクロメータ：差動マイクロメータ、三点測定式内側マイクロメータ、
ねじマイクロメータ、歯厚マイクロメータなど。

4）ハイトゲージ

本尺と副尺をもった測定器であり、高さを測るノギスということもできます。定盤
上で使用され、副尺との組合わせで最小測定値 0.05 mmのものと 0.02 mmのも
のがあります。（図 1-4）

5）デプスゲージ

穴やみぞの深さを測定する測定器。M形ノギスのデプスバーと同じような働き
をして、測定基準面が広いので安定します。DS形（図 1-5）、DM形、DB形
の3種類があります。

図 1-4　ハイトゲージ　　　　　　　図 1-5　デプスゲージ（DS 形）

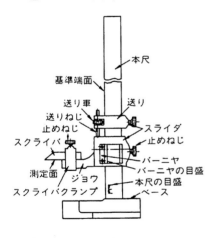

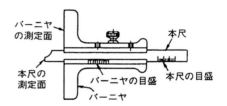

6）ブロックゲージ

工業用に使われているいろいろな測定器の原器ともいわれ、相対する測定面
間の距離が、呼び寸法できわめて正確につくられています。測定面は 0.06 ～ 0.08
μmRmax以下の表面粗さで鏡面仕上が施され、2つの測定面を合わせると接
着したように密着します。この現象をブロックゲージのリンギングといいます。

7）ダイヤルゲージ

　比較測定に現場で用いられる測定器で、スピンドルの上下の変位を針の回転動作に拡大して微小寸法を測定するものです。目盛り板が 100 等分してあれば 0.01 mm までの寸法が測定できます。（図 1-6）

図 1-6　ダイヤルゲージ

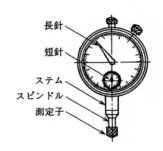

長針
短針
ステム
スピンドル
測定子

8）限界ゲージ

　寸法検査において最大許容寸法のゲージと最小許容寸法のゲージを用意して、その間に入る寸法の部品は合格とする方法が取られます。穴寸法測定用の限界ゲージとしてプラグゲージなどがあります。各種の限界ゲージを図 1-7 に示します。

9）電気マイクロメータ

　ダイヤルゲージではスピンドルの微小変位を機械的に拡大していましたが、変位を電気的に変換することで寸法を測る測定器です。

10）空気マイクロメータ

　間隙によって空気の流量が変わることを利用した測定器で、流量に相当する寸法値をフロートの位置で表示します。

11）オートコリメータ

　コリメータと望遠鏡の組合わせで微小な角度の差、振れなどを測定する光学測定器です。オートコリメータは反射鏡と望遠鏡とを併用して面のうねり（凹凸）を測定します。

図1-7　限界ゲージ

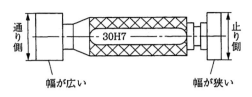

（a）円筒形プラグゲージ

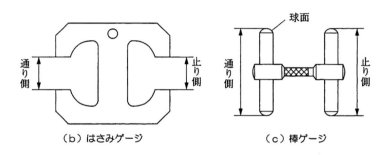

（b）はさみゲージ　　　　　　（c）棒ゲージ

12）オプチカルフラット

　平らな測定面をもつ透明なガラスでつくられ、光波干渉による平面度測定に用いる。ただし、干渉計その他の測定機の部品として使用されるものは除く。
　種類は、測定面が片面のものと両面のものとの区別及び呼びによって区分する。等級は性能により、1級、2級および3級の3つに区分する。

13）オプチカルパラレル

　平行かつ平らな測定面をもつ透明なガラスでつくられ、光波干渉による平面度および平行度の測定に用いる。
　種類は、4個の単体で構成し、構成する単体の厚さの区別によって区分する。等級は性能により、1級および2級の2つに区分する。

14）ホールテスト

　穴の内径やみぞの寸法を測る測定器をホールテストといいます。ホールテストは内径測定器ともいい、マイクロメーターと同様にねじの回転量で計測する仕組みの測定器です。

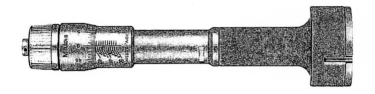

15）水準器

　角度の測定器具として使用され、気泡管内につくられた気泡の位置がいつも高いところにあることを利用したものです。（図 1-8）

図 1-8　水準器

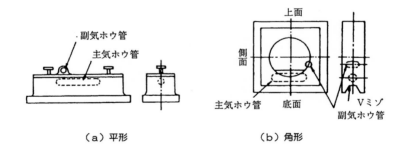

（a）平形　　　　　　　　　　　（b）角形

16）測長機

　高精度の寸法測定ができる測定器として基準尺を組み込んだものがあり、基準尺を読み取り顕微鏡で読み取ることで長さを測定するものです。測長機はその構造から図 1-9 のように2つのタイプがあります。

図 1-9　測長機の構造

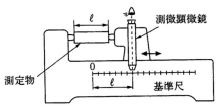

（a）カールツアイスタイプ

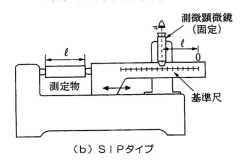

（b）ＳＩＰタイプ

17)　測定補助具

①精密定盤

(1) 精密定盤：多目的のための精密な平面又はデータム平面を、使用面として上面に備え、一般には鋳鉄又は石でつくられた盤状の構造体。

(2) 使用面の平面度：使用面の幾何学的に正しい平面からの狂いの大きさ。使用面を幾何学的に正しい平行二平面ではさんだとき、平行二平面の間隔が最小となる間隔の寸法で表す。

②金ます

　一面にＶみぞや固定用のボルトが取り付けてあり、工作物を固定ボルトで締付けて使用します。面を置き換えることでいろいろなけがき線を引くことができます。

③Ｖブロック

　円筒計の工作物をＶみぞに乗せてけがく場合に使用します。

④トースカン

　工作物に定盤面と平行な直線を引いたり円柱状の工作物の中心をきめる時などに使用する工具です。

3．ねじの測定

1）ねじの誤差
　ねじの誤差には、ピッチ誤差、有効径誤差、角度誤差、外径および谷の径の誤差があります。誤差は簡単な計算ですべての有効径の誤差に置き換えることができます。
① **有効径誤差**：おねじとめねじは斜面でぴったり接触していなければなりませんが、有効径の大小は、このかみ合いのゆるさかげんを左右します。有効径誤差があると締付け力は弱くなり強度も弱くなります。
② **ピッチ誤差**：ピッチ誤差は、ねじのかみ合いに大きな影響を与えます。
　ねじ山の角度が正しくても、ピッチ誤差があると、あるはめ合い長さにおいて、はじめてねじ山に接触するので、はめ合い、強さから不都合がでます。単一ピッチ誤差、累積ピッチ誤差などがあります。
③ **角度誤差**：ねじ山の角度誤差があると、ねじ山の面と面が正しく接触しないため、きわめて強度が弱くなります。ねじ山の角度誤差の原因は、主として切削工具および切削工具取付方法の不良によります。

2）ねじの測定
　次のような測定具で多要素を検査します。
① **外径**：ノギス・外側マイクロメータ・指示マイクロメータ・限界ゲージ
② **有効径**：ねじマイクロメータ・三針法によるマイクロメータ
③ **ピッチ**：ピッチゲージ・工具顕微鏡
④ **山の角度**：ピッチゲージ・工具顕微鏡・投影機
⑤ **総合判定**：ねじ用限界ゲージ
　JISでは、ねじの精度等級ごとに許容限界寸法および公差を規定しています。

3）有効径の測定
　ねじの有効径は、図1-10のようなねじ形状に合致する形状の測定接触端子を有するねじマイクロメータで測定します。
　三針法：直径を持つ3本の針をねじにはさみ、針の外側の直径をマイクロメータで測定し、計算によって有効径を求める方法。（図1-11）

図 1-10　ねじマイクロメータによる測定

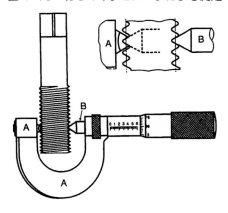

図 1-11　三針法による測定

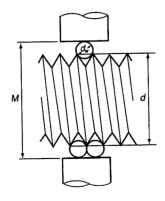

4．歯車の測定

1）歯車の誤差
①単一ピッチ誤差：隣り合った歯のピッチ円上における実際のピッチと正しいピッチとの差。

②隣接ピッチ誤差：ピッチ円上の隣り合った2つのピッチの差。

③累積ピッチ誤差：任意の2つの歯の間のピッチ円上における実際のピッチの和とその正しい値との差。

④法線ピッチ誤差：正面法線ピッチの実際寸法値と理論値の差。

2）歯形誤差
　実際の歯形とピッチ円の交点を通る正しいインボリュート歯形を基準として、これに垂直な方向に測定して得られた正（＋）側誤差と負（－）側誤差の和のことです。（図 1-12）

3）歯みぞの振れ
　玉、あるいはピンなどの接触片を、歯みぞの両側歯面にピッチ円付近で接触させたときの半径方向位置の最大差のことです。

4）歯すじ方向の誤差
　ピッチ円周上において必要な検査範囲内の歯幅に対応する実際の歯すじ曲線と理論上の曲線との差をいい、ピッチ円周上の寸法で表します。（図 1-13）

図 1-12　歯形誤差　　　　　図 1-13　歯すじ方向の誤差

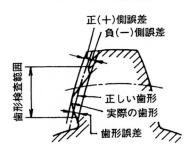

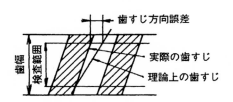

5）歯厚の測定

　歯厚の測定法は次の3つが、JIS B 1752 に規定されています。

①弦歯厚法：1枚の歯厚をノギスで測ります。（**図 1-14**）

図 1-14　歯厚ノギス（JIS B 7531）

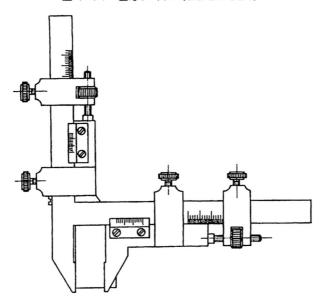

②またぎ歯厚法：歯厚マイクロメータを用いて平行な面で、ある枚数の歯をはさ
　　　　　　　　んで測定する方法です。（**図 1-15**）

図 1-15　またぎ歯厚の測定

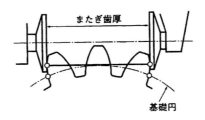

またぎ歯厚

基礎円

③**オーバピン法**：歯みぞの間にピンを挿入し、ピンの外側の直径をノギスやマイクロメータで測り、計算やチャートによって歯厚を求めることができます。（**図** 1-16）

図 1-16　オーバピン法による歯厚の測定

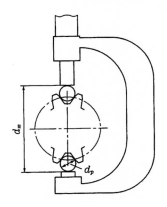

5. 角度の測定

1）角度ゲージ

　長さ測定におけるブロックゲージに相当するものであり、非常に精密にできた角度ゲージを単独又はリンギングして角度をつくります。ヨハンソン式とNPL式が一般的に使用されています。

①ヨハンソン式角度ゲージ

　長さ 50 ×幅 20 ×厚さ 1.5 mmの焼入鋼でつくられた板ゲージで、85 個組又は 49 個組からなり、0°　〜 10°　、350°　〜 360°　の範囲では1′ごとに設定ができる。（図 1-17）

② NPL 式角度ゲージ

　角度 41°、27°、9°、3°、1°、27′、9′、3′、1′、30″、18″、6″の12 個からなり、6″とびに0°　〜 81°　までの任意の角度をつくることができる。（図 1-18）

図 1-17　ヨハンソン式角度ゲージ　　　　図 1-18　NPL 式角度ゲージ

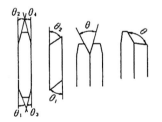
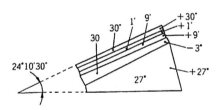

③特殊角度専用ゲージ

- **直定規**：2つの面又は軸の直角度を検査する場合や、機械の調整・組立、けがき作業などの場合にも使用される。
- **円筒スコヤ**：円筒形のスコヤで底面と直角度のきわめてよい鏡面仕上の円筒をもち、精密機械の検査などに使用される。

2）サインバー

　角度を寸法に換算して測る角度測定器です。図 1-19 のような場合は、

$$\text{Sin } \theta = \frac{\text{H} - \text{h}}{\text{L}}$$

で角度 θ を求めます。

　θ が大きくなると Sin θ の変化の割合が小さくなり、誤差が大きくなるので、45°以上の角度についてはその補角で測定します。

図 1-19　サインバー

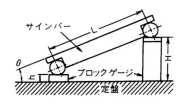

3）角度定規

①**プロトラクタ（分度器）**：工業用にはステンレス製で測定用の竿付きのものが使用されています。

②**コンビネーション・セット**：分度器をつけた直定規に、スクェア・ヘッドとセンタ・ヘッドを取り付けたものです。（**写真 1-1**）

写真 1-1　コンビネーション・セット

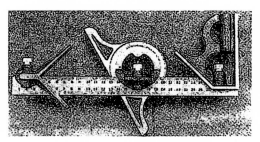

③**ベベルプロトラクタ**：一般に角度定規というとベベルプロトラクタのことをいいます。円周目盛をもつ本体と読み取り用目盛あるいはバーニヤ目盛のあるブレードからできており、機械的なものと光学的に読み取るものです。（図1-20）

図1-20　機械的ベベルプロトラクタ

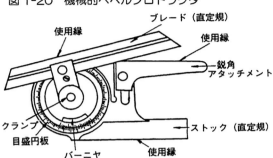

6．幾何公差と測定

1）幾何公差の種類と記号

　形状精度は対象部品の形状や姿勢などの正確さを示し、幾何公差でこれを表示します。幾何公差の種類と定義、図面上の記号を**表 1-4** で示します。

表 1-4　幾何公差の種類と記号（1）

公差の種類	特　性	定　義	記　号
形状公差	真直度	真直度とは，直線形体の幾何学的に正しい直線（幾何学的直線）からの狂いの大きさをいう。	―
	平面度	平面度とは，平面形体の幾何学的に正しい平面（幾何学的平面）からの狂いの大きさをいう。	▱
	真円度	真円度とは，円形形体の幾何学的に正しい円（幾何学的円）からの狂いの大きさをいう。	○
	円筒度	円筒度とは，円筒形体の幾何学的に正しい円筒（幾何学的円筒）からの狂いの大きさをいう。	⌀
	線の輪郭度	線の輪郭度とは，理論的に正確な寸法によって定められた幾何学的に正しい輪郭（幾何学的輪郭）からの線の輪郭の狂いの大きさをいう。なお，データムに関連する場合と関連しない場合とがある。	⌒
	面の輪郭度	面の輪郭度とは，理論的に正確な寸法によって定められた幾何学的輪郭からの面の輪郭の狂いの大きさをいう。なお，データムに関連する場合と関連しない場合とがある。	⌓
姿勢公差	平行度	平行度とは，データム直線またはデータム平面に対して平行な幾何学的直線または幾何学的平面からの平行であるべき直線形体または平面形体の狂いの大きさをいう。	//
	直角度	直角度とは，データム直線またはデータム平面に対して直角な幾何学的直線または幾何学的平面からの直角であるべき直線形体または平面形体の狂いの大きさをいう。	⊥

表 1-4　幾何公差の種類と記号（2）

公差の種類	特性	定義	記号
姿勢公差	傾斜度	傾斜度とは，データム直線またはデータム平面に対して理論的に正確な角度をもつ幾何学的直線または幾何学的平面からの理論的に正確な角度をもつべき直線形体または平面形体の狂いの大きさをいう。	∠
	線の輪郭度	上記参照	⌒
	面の輪郭度	上記参照	◠
位置公差	位置度	位置度とは，データムまたは他の形体に関連して定められた理論的に正確な位置からの点，直線形体または平面形体の狂いの大きさをいう。	⊕
	同心度（中心点に対して）	同軸度とは，データム軸直線と同一直線上にあるべき軸線のデータム軸直線からの狂いの大きさをいう（平面図形の場合には，データム円の中心に対する他の円形形体の中心の位置の狂いの大きさを同心度という）。	◎
	同軸度（軸線に対して）		
	対称度	対称度とは，データム軸直線またはデータム中心平面に関してたがいに対称であるべき形体の対称位置からの狂いの大きさをいう。	≡
	線の輪郭度	上記参照	⌒
	面の輪郭度	上記参照	◠
振れ公差	円周振れ	円周振れとは，データム軸直線を軸とする回転面をもつべき対象物またはデータム軸直線に対して垂直な円形平面であるべき対象物をデータム軸直線のまわりに回転したとき，その表面が指定した位置または任意の位置で指定した方向に変位する大きさをいう。	↗
	全振れ	全振れとは，データム軸直線を軸とする円筒面をもつべき対象物またはデータム軸直線に対して垂直な円形平面であるべき対象物をデータム軸直線のまわりに回転したとき，その表面が指定した方向に変位する大きさをいう。	↗↗

(JIS B 0021-1998)

2）真直度の測定

定義：直線形体の幾何学的に正しい直線から狂いの大きさをいう

測定法：一般に測定範囲が 1.6 m以上に水準器、オートコリメータおよび緊張鋼線が、1.6 m以下では直定規が多く使用されている。（**図 1-21**）

図 1-21 直定規の種類

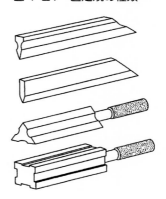

3）平面度の測定

定義：平面形体の幾何学的に正しい平面から狂いの大きさをいう

測定法：工作機械のテーブル上面や、大物平面部分の平面度測定は、定盤の使用面の平面度測定に非常によく似ています。定盤では、次の3通りの測定方法を規定しています。

①水準器による方法

②オートコリメータによる方法

③基準面と比較する方法

4）真円度の測定

定義：円形形体の幾何学的に正しい円から狂いの大きさをいう

測定法：一般に真円度測定機が使われますが、定義に基いた2つの同心円の半径を求めるものでこれを半径法といいます。測定機がなくても簡便に測る実用的な方法として直径法と三点法があります。真円度測定機は機構別に検出器回転方式と載物台回転方式と2種類に分けられます。（**図 1-22**）

図 1-22　真円度測定機

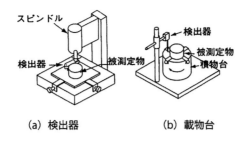

(a) 検出器　　　　　(b) 載物台

5）円筒度の測定

定義：円筒形体の幾何学的に正しい円筒からの狂いの大きさをいう

測定法：真円度測定機を使用して必要数の断面で断面輪郭線を記録し、次にいくつかの母線の真直度を測定して線図を求め、テーパの測定値を求めて組み合わすことになります。簡単に近似的に円筒度を測定するには、被測定物を定盤上に載せて回転しながら、定盤上の測微器を取付けたスタンドを軸方向に移動させて、測微器の読みの最大値と最小値の差の 1/2 を求めます。（図 1-23）

図 1-23　円筒度の近似的測定

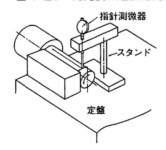

6）線の輪郭度の測定

定義：線の輪郭度とは、理論的に正確な寸法によって定められた幾何学的に正しい輪郭からの線の狂いの大きさをいう

測定法：測定方法は、原理的にはゲージやテンプレートなどの基準輪郭との比較によりますが、座標測定機や測定顕微鏡などによる座標の測定による方法もあります。

①輪郭ゲージによる検査：被測定物に輪郭ゲージを当て、隙間に光が洩れているかどうかを調べて、輪郭形状の狂いを判断することができます。（図 1-24）
②輪郭測定機：非測定物の表面を触針でトレースすることにより、その輪郭（断面形状）を検出し、それを拡大して記録する測定機です。（写真 1-2）

図 1-24 輪郭ゲージによる検査

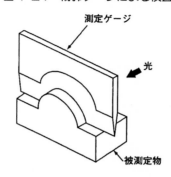

写真 1-2 輪郭測定機例

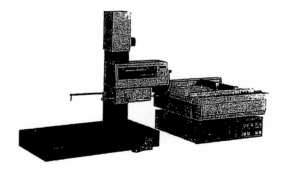

7) 面の輪郭度の測定

定義：面の輪郭度とは、理論的に正確な寸法によって定められた幾何学的輪郭からの面の狂いの大きさをいう

測定法：一般的には、線の輪郭度測定法を用いて、測定断面を順次変えていきながら測定する方法が行われています。被測定輪郭面をいくつかの断面に分割して、それぞれの断面で線の輪郭度を求め、総合して最終的に面の輪郭度を求めるのです。断面のとりかたは、マンダリン法、輪切法、メッシュ法と呼ばれるものなどがあります。（図 1-25）

図 1-25　測定方法

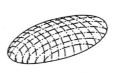

(a) マンダリン法　　(b) 輪切法　　(C) メッシュ法

8) 平行度の測定

定義：データム直線又はデータム平面に対して平行な幾何学的直線又は幾何学的平面から平行であるべき直線形体または平面形体の狂いの大きさをいう

測定法：原理的には、形体間の距離の測定によるものと、角度の測定によるものに大きく分けられます。使用する工具や測定器でみると、定盤上におけるダイヤルゲージなどのインジゲータや水準器による方法、投影機を使用した座標測定や角度測定による方法、三次元測定機による方法などがあります。

9) 直角度の測定

定義：直角度とは、データム直線又はデータム平面に対して直角な幾何学的直線又は幾何学的平面から直角であるべき直線形体または平面形体の狂いの大きさをいう

測定法：平行度と同じように、形体間の距離の測定によるものと、角度の測定によるものがあります。

10）傾斜度の測定

定義：傾斜度とは、データム直線又はデータム平面に対して理論的に正確な角度をもつ幾何学的直線又は幾何学的平面からの理論的に正確な角度をもつべき直線形体又は平面形体の狂いの大きさをいう

測定法：基本的には次の3つの方法で測定します。

①正確につくった基準角度又は角度目盛と比較する

②長さを測定して、三角法により角度を計算する

③半径と円弧とに相当する2つの長さから角度を計算する

11）位置度の測定

定義：位置度とは、データム又は他の形体に関連して定められた理論的に正確な位置からの点、直線形体又は平面形体の狂いの大きさをいう

測定法：測定法の方法は、大別にして

①定盤上での測定（定盤＋専用セッティング治具＋高さ測定具）

②工具顕微鏡、投影検査機、二次元又は三次元の座標測定装置などによる測定

12）同軸度（同心度）の測定

定義：同軸度とは、データム軸直線と同一直線上にあるべき軸線のデータム軸直線からの狂いの大きさをいう

測定法：測定方法は次のようなものがあり、振れとして測る方法は広く行われています。

①定盤上のVブロックで基準側を支持して、測定部の振れを測定する（図 1-26）

図 1-26　円筒部品のＶブロックによる円軸度測定

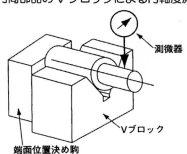

測微器

Vブロック

端面位置決め駒

②長いシャフト類などでは、両端の軸受はめ合い部をそれぞれ支持して測定する
③センタ穴を基準として各部の同軸度を測定する

13)　対称度の測定

定義：対称度とは、データム軸直線又はデータム中心平面に関してお互い対称であるべき形体の対称位置からの狂いの大きさをいう

測定法：次のような方法があります。

①定盤上で個々に位置を測定する

②測微器の指示をゼロとし、被測定物を反転して置き変えたときの指示の読みの差から算出する

③指示台に載せて測微器の読み取り、再度読み取り、読みの差から算出する（図 1-27）

④投影機で拡大した図形をトレースして調べる

⑤三次元測定機とデータ処理装置を組合わせて測定する方法

図 1-27　対称度測定例

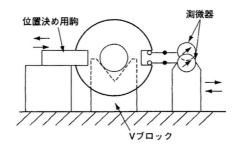

14)　円周振れの測定

定義：データム軸直線を軸とする回転面をもつべき対象物又はデータム軸直線に対して垂直な円形平面であるべき対象物をデータム軸直線の周りに回転したとき、その表面が指定した位置又は任意の位置で指定した方向に変位する大きさをいう

15）全振れの測定

定義：データム軸直線を軸とする円筒面をもつべき対象物又はデータム軸直線に対して垂直な円形平面であるべき対象物をデータム軸直線の周りに回転したとき、その表面が指定した方向に変位する大きさをいう

測定法：一般的な振れの測定を**図 1-28** に示します。

図 1-28　振れ測定

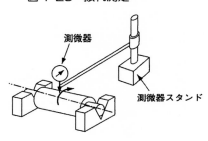

測微器

測微器スタンド

7．表面粗さ

　金属の加工面は詳細に見ると平面でなく、無数の細かい凹凸の不規則な連続面です。比較的細かいピッチで繰返される凹凸のことをいい、大きい範囲で規則的に繰返される高・低の変化をうねりといいます。

1）粗さ曲線

　測定しようとする対象面を指定した平面で切断し、断面の輪郭を断面曲線といいます。断面曲線から波長の長いうねり成分を除去して粗さ曲線を求めます。粗さ曲線は表面粗さを定義する基準となります。（図 1-29）

　JISで決められている表面粗さの表示は、粗さ曲線から計算される粗さパラメータによります。代表的なものを表 1-5 示します。

図 1-29　粗さ曲線の求め方

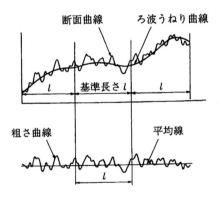

表1-5 粗さパラメータの事例（1）

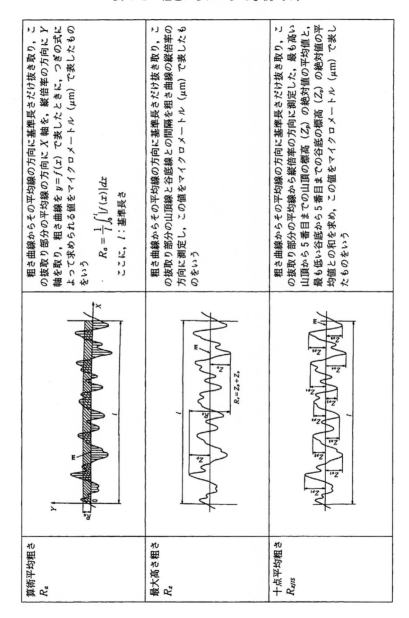

算術平均粗さ R_a		粗さ曲線からその平均線の方向に基準長さだけ抜き取り、この抜き取り部分の平均線の方向に X 軸を、縦倍率の方向に Y 軸を取り、粗さ曲線を $y=f(x)$ で表したときに、つぎの式によって求められる値をマイクロメートル（μm）で表したものをいう $$R_a = \frac{1}{l} \int_0^l	f(x)	\,dx$$ ここに、l：基準長さ
最大高さ粗さ R_z		粗さ曲線からその平均線の方向に基準長さだけ抜き取り、この抜き取り部分の山頂線と谷底線との間隔を粗さ曲線の縦倍率の方向に測定し、この値をマイクロメートル（μm）で表したものをいう
十点平均粗さ R_{zJIS}		粗さ曲線からその平均線の方向に基準長さだけ抜き取り、この抜き取り部分の平均線から縦倍率の方向に測定した、最も高い山頂から5番目までの山頂の標高（Z_p）の絶対値の平均値と、最も低い谷底から5番目までの谷底の標高（Z_v）の絶対値の平均との和を求め、この値をマイクロメートル（μm）で表したものをいう

38

表 1-5　粗さパラメータの事例（2）

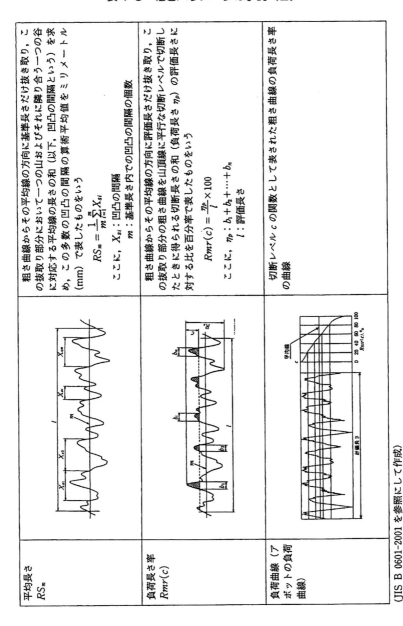

パラメータ	内容
平均長さ RS_m	粗さ曲線からその平均線の方向に基準長さだけ抜き取り、この抜取り部分において一つの山およびそれに隣り合う一つの谷に対応する平均線の長さの和（以下、凹凸の間隔という）を求め、この多数の凹凸の間隔の算術平均値をミリメートル (mm) で表したものをいう $$RS_m = \frac{1}{m}\sum_{i=1}^{m} X_{si}$$ ここに、X_{si}：凹凸の間隔　m：基準長さ内での凹凸の間隔の個数
負荷長さ率 $Rmr(c)$	粗さ曲線からその平均線の方向に評価長さだけ抜き取り、この抜取り部分の粗さ曲線を山頂線に平行な切断レベルで切断したときに得られる切断長さの和（負荷長さ η_p）の評価長さに対する比を百分率で表したものをいう $$Rmr(c) = \frac{\eta_p}{l} \times 100$$ ここに、$\eta_p = b_1 + b_2 + \cdots + b_n$　l：評価長さ
負荷曲線（アボットの負荷曲線）	切断レベル c の関数として表された粗さ曲線の負荷長さ率の曲線

（JIS B 0601-2001 を参照して作成）

2) 表面粗さの測定

①感覚による方法：粗さ標準片と比較し、視覚、触覚で判断する。

②触針法：測定表面に針先を触れながら走らせ、表面の凹凸による針先の
上下動を、機械的、光学的、電気的な方法によって拡大し読み取る。
（図1-30）

③光切断法：10μ以上の比較的大きい粗さ測定に用いられる。

④光線反射法：2μ以下の比較的粗さのよい場合の測定法。

⑤光波干渉法：ラップ仕上面、超仕上面など、きわめてよい仕上面の測定
に使われる。0.8μ以下の粗さ測定に適している。

図1-30 触針式表面粗さ測定機（JSI B 0651-2001）

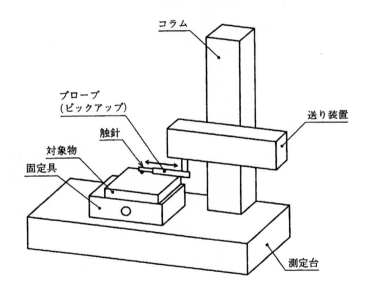

8．内径・外径の測定

　内径の測定は、外径の測定に比べて難しく、測定のときは、穴の状態によって測定器や測定法を慎重に選ばなければなりません。

1）内径の測定
①シリンダゲージによる方法
②3点測定器による方法
③測長機による方法
④空気マイクロメータによる方法
⑤限界ゲージによる方法

2）外径の測定
①2点測定器による2点接触法
②3点測定器による3点接触法
③空気マイクロメータによる方法

第2章

検査法

1．硬さ試験
2．引張り試験
3．衝撃試験
4．その他の試験方法
5．非破壊検査

1．硬さ試験

材料の表面付近の硬さを測る方法で、材料の摩耗に大きな関係があります。硬さ測定には、次の4つの方法がJISで規定されています。

1）ブリネル硬さ試験（HB）

被測定物の表面に鋼球の圧子を決められた荷重で押し込んで圧痕をつくります。この圧痕の直径dを、0.01 mmが測れる測定器を使用して、縦横十字方向に2回測った平均値で、圧痕の表面積（S）を、$S = \pi D (D - \sqrt{D^2 - d^2})$ で求め、荷重（P）を表面積（S）で割った数値が、ブリネル硬さ値となります。（図 2-1）
次の式で表します。

$$\text{ブリネル硬さ} = \frac{\text{荷重（kg）}}{\text{くぼみの表面積（mm}^2\text{）}} = \frac{2P}{\pi D (D - \sqrt{D^2 - d^2})}$$

○ 硬さの表示法

JIS Z 2243 ではブリネル硬さは、硬さ値、硬さ記号の順に表示すると規定されています。
（例）
250 HBS 10/3000・・硬さ値：250、圧子：鋼球、圧子直径：10 mm
　　　　　　　　　　試験荷重：29.42 kN
250 HBS　5/750　・・硬さ値：250、圧子：鋼球、圧子直径：5mm
　　　　　　　　　　試験荷重：7.355 kN

2）ロックウェル硬さ試験（HR）

銅、アルミニウムなどの軟質材料には、直径が 1.588 mm（1/16 インチ）の鋼球、鉄鋼などの硬質材料には頂角 120°、先端半径 0.2 mmのダイヤモンド円錐の圧子を使い、試験片に基準荷重と試験荷重の2度の荷重を加えてできるくぼみの深さの差を測定して硬さを表します。（図 2-2）

図2-1　ブリネル硬さ試験

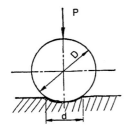

図2-2　ロックウェル硬さ

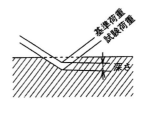

3）ビッカーズ硬さ試験（HV）

　対角面が 135° のダイヤモンド四角錐を用いて、試験片に押し付けてピラミッド形のくぼみを付け、その対角線の長さを計測顕微鏡で測定し、次式によって硬さ値を求めるものです。

$$\text{ビッカーズ硬さ（HV）} = 1.854 \frac{P}{d^2}$$

P：荷重（kg）
d^2：くぼみの対角線の長さ（mm）

4）ショア硬さ試験（HS）

　一定の重さと形状を持った鋼製のハンマを、一定の高さ（h_0）から被測定物の表面に落下させ、跳ね上がりの高さ（h）を測って次式から硬さ値を求めます。

$$\text{ショア硬さ} = k \times \frac{h}{h_0}$$

　k：ショア硬さとするための係数、10000/65 を用いる

2．引張り試験

　材料をある力で引っ張って、材料の性質を調べる手がかりにしようとするものです。JISで定められたような所定の寸法形状の試験片を引張試験機にかけ、両端を摘んで徐々に引っ張り、切断するまで力を加えていく方法です。

1）引張強さ

　金属材料の引張試験方法は、JIS Z 2241 に規定されています。

　断面収縮を起こす直前の荷重を最大荷重（引張り荷重）といい、最大荷重（P_{max}）を原断面積（A_O）で割った値を、その試験片の引張強さ（δ_B）としています。

　次の式で表します。

$$引張強さ硬さ（\delta_B）＝ \frac{最大荷重（P_{max}）}{原断面積（A_O）}$$

2）伸び率

　伸び率を求めるには、引張試験片の平行部にJISに定める規定に従って、あらかじめマークを付けておきます。試験片が破断した後、破断面を合せて標点間距離（L'）を測り、元の標点間距離（L）から何%伸びたかを計算するものです。

　伸び率は次の式で求めます。

$$伸び率（\delta）＝ \frac{L' － L}{L} \times 100（\%）$$

3）絞り率

　試験前の断面積（A_O）が試験後にどれだけ細くなったかを求めるもので、破断個所から求めるのが一般的です。試験後の破断部断面をAとすると、絞り率は次の式で求めます。

$$絞り率（\Phi）＝ \frac{A_O － A}{A} \times 100（\%）$$

3．衝撃試験

　材料にいろいろな衝撃を与えて、材料の粘りや急激に加わる力に対してどの程度の抵抗力があるかを測る試験です。試験方法は、シャルピーとアイゾットの2つの方法があります。

1）シャルピー衝撃試験法

　ノッチのある試験片を水平に置き、振子型のハンマを引上げて離すと、ハンマは試験片を破断します。試験片を破壊するのに費やした衝撃エネルギーを、切断部の断面積で割った値を衝撃値といい、単位はkg－m／cm²で表します。試験片は、JISで3〜5号の3種類が規定されている。（**図 2-3**）

2）アイゾット衝撃試験法

　ノッチのある試験片を垂直に片持ちしてはさみ、振子型のハンマを打ち付けて破壊し、要したエネルギーを一定の定数で割った値を衝撃値とします。試験片は、JISで1〜2号の2種類が規定されています。（**図 2-4**）

図 2-3　シャルピー衝撃試験法　　　図 2-4 アイゾット衝撃試験法

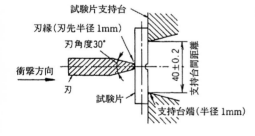
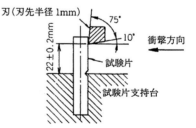

4. その他の試験方法

1）疲れ試験

材料に繰返し応力を与え、材料の強さを求める試験法です。

多数の試験片を大きさの異なる応力で試験し、試験片が破壊するまでの繰返し数Nを求めます。縦軸に応力S（kgf / mm²）、横軸にNをとってグラフにします。このようにして求めた応力－繰返し曲線をS－N曲線といいます。（図 2-5）

図2-5　S－N曲線

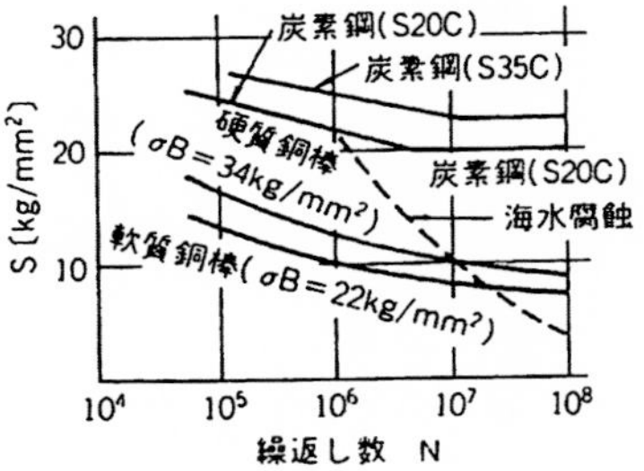

2）曲げ試験

材料の塑性や加工性を調べる試験で、押曲げ法（図 2-6）、巻付け法（図 2-7、図 2-8）、Vブロック法（図 2-9）などが、JIS Z 2248 に規定されています。

それぞれの規定角度まで試験片を曲げていって、裂け、傷などから材料の曲げの強さを調べる方法です。

図2-6　押曲げ法　　　図2-7　巻付け法　　　図2-8　巻付け法
（軸に巻付ける方式）　　（型により巻付ける方式）

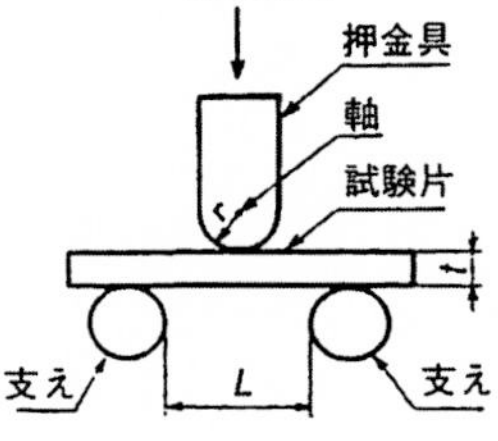

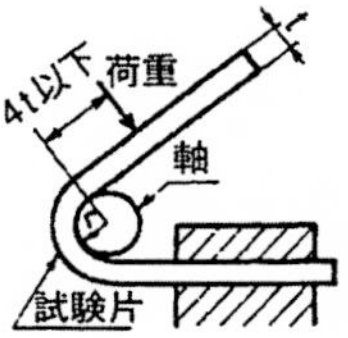

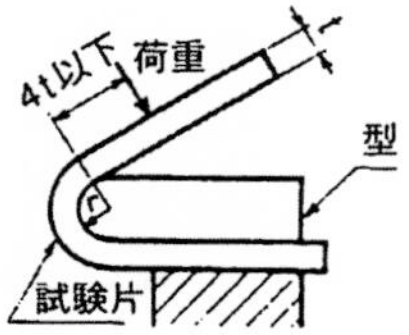

図2-9　Vブロック法

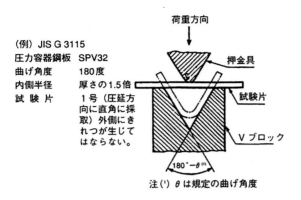

(例) JIS G 3115
圧力容器鋼板　SPV32
曲げ角度　　180度
内側半径　　厚さの1.5倍
試　験　片　1号（圧延方
　　　　　　向に直角に採
　　　　　　取）外側にき
　　　　　　れつが生じて
　　　　　　はならない。

荷重方向
押金具
試験片
Vブロック

180°−θ⁽¹⁾

注(¹) θは規定の曲げ角度

3）抗折試験

　材料に徐々に荷重を加えていって、静的に破断し、その最大荷重を測るもので、試験片は、JIS Z 2203に規定されています。試験結果の表示は、曲げ応力ではなく、最大荷重とそのときの荷重点のたわみで表しています。試験片が折れるまでの最大荷重、最大たわみ、破断エネルギーを求める方法です。

4）火花試験

　最も簡単に行える鋼材の鑑別法で、回転しているグラインダに試験片を押付け、発生する火花の色、形、長さ、破裂の形状、数などを観察し推定する方法です。（図 2-10）

図2-10　グラインダによる火花試験

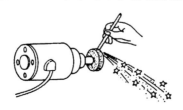

JISに規定されている鋼材の火花試験による鑑別法を**図 2-11** に示します。

図2-11　鋼材の火花試験による鑑別法（JIS G 0566）

種　　別	火　　花	備　　考
純鉄 0.05%C		火花は長い橙色。花はほとんどない。
極軟鋼 0.1%C		純鉄に比べて，花の数が少しある。
軟　鋼 0.2%C		花の数が少し多くなり，その形も複雑となる。
硬　鋼 0.4%C		花の数が非常に多く，火花が小枝のついた流線となり，2段・3段と重なりその先に花粉がつく。
最硬鋼 0.6〜0.8%C		炭素量を増すにつれて流線が短くなり，花がさらに複雑となる。
高炭素鋼 0.9〜1.2%C		前者よりも流線が短くなり，花の数を増し，複雑となる。
ニッケル　クロム鋼 C　0.25〜0.32% Ni　2.50〜3.50% Cr　0.60〜1.00%		花弁が多くて星状をしている。弁先にさらに小花が少しある。花の量は約1/2。
クロム　モリブデン鋼 C　0.25〜0.35% Cr　0.80〜1.20% Mo 0.15〜0.35%		花が星状を基にして，弁が多い。葉は2段となっているのが特色で，火花の束は力なく，太くて明るい。花の量は約1/2。
18-8 ステンレス鋼 C　＜　0.20% Ni　7 〜 9% Cr　17 〜 19%		花は星状で，弁が少ない葉は長く伸びて茎のようになり，根本は暗く細い。火花の束は根本で赤味がかっていて，断続しているが，花の色は全体に黄色に見える。
高速度鋼 C　0.68〜0.72% Cr　4.0〜 4.5% W　16〜 18% V　0.8〜 1.0%		花が大輪で少ない。葉は先端から急に大きくなって下へ曲る。火花の束は細くて暗い。

5. 非破壊検査

　金属材料の割れ、キズ、内部欠陥の材料を破壊することなく検査する方法です。肉眼による外観検査のほかに各種の検査方法があります。

1）打診法
　材料にクラックや巣があると、打音がにぶることを利用した方法ですが、正常なものでも組成や性質によっていろいろな音がするので、適確な判断は難しいのです。

2）超音波探傷試験
　パルス反射法ともいい、試験対の表面から 1 〜 10MHz 程度の周波数をもつ短い超音波パルスを内部に伝え、欠陥によって反射されてくる超音波を検出する方法です。送信された超音波パルスが受信されるまでの時間を測定して、欠陥までの距離を知ることができます。（図 2-12）

図 2-12　超音波探傷試験（パルス反射法）

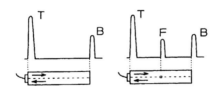

(a) 欠陥なし　　　(b) 欠陥あり

Ｔ：送信波　Ｂ：底面反射波　Ｆ：欠陥からの反射波

3）放射線透過試験
　X線又はγ線などの放射線を試験体に照射し、内部の欠陥の状況を裏側においたフィルムに撮影するか、透視で観察する方法です。（図 2-13）

図2-13　放射線透過試験の原理

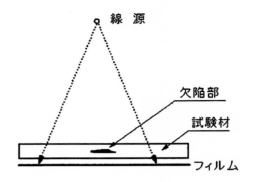

4）磁粉探傷試験

　鋼や鋳鉄、ニッケルなどの強磁性材料の表面近くにき裂などの欠陥がある場合、その材料を磁化すると、欠陥の近くでは磁束がゆがんで表面から外部に漏れます。アルミニウムや黄銅などの非磁性体には適用することができません。（図 2-14）

図2-14　磁束の漏れ

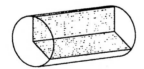
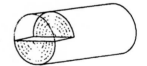

5）浸透探傷試験

　カラーチェックともいい、試験材の表面に開口しているクラックやキズに浸透液を浸透させ、現像剤より吸い出し、クラックやキズに拡大した像の指示模様をつくり、目に見えやすくして調べる方法です。浸透液に赤色などの色を付けたものを使用する染色浸透法と、液に蛍光剤を混入し、試験後紫外線で観察する蛍光浸透試験法があります。
　浸透探傷試験の原理について、図 2-15 に示します。

図2-15　浸透探傷試験の原理

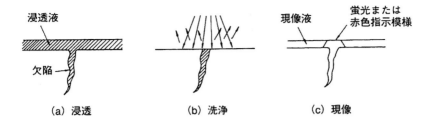

（a）浸透　　　　　　（b）洗浄　　　　　　（c）現像

6）渦流探傷試験

　通電したコイルを金属板に対向させて設置すると、電磁誘導作用によって金属板に渦流が誘発されます。金属板の表面もしくは表面付近に欠陥があると渦流の発生状態が変化するので、その変化をつかまえて欠陥の有無を判断します。
　表層部のキズの検出、材質の判別にも適用できます。（図2-16）

図2-16　うず電流の発生

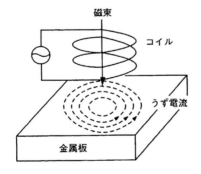

第3章

品質管理

1．品質管理

2．管理図の作成方法

1. 品質管理

　品質管理とは、製品を経済的につくりだすための手法であり、略してQC（Quality Control）と呼びます。この手法は計画、実施、チェック、処置の4つのステップのサイクルを回すことにあります。

1) 特性要因図
　品質特性値が、どのような原因によって影響をうけているのかを調べ、1つの図形にまとめて、特性と原因との関係を表したもので、一般に「魚の骨の図」とも呼ばれています。（図 3-1）

図 3-1　特性要因図

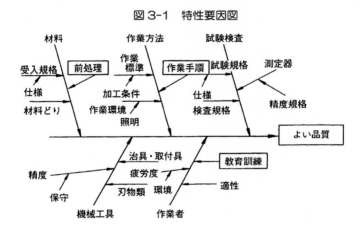

2) ヒストグラム
　度数分布図とも呼ばれ、測定値の範囲をいくつかの区間に分け、各区間を底辺とし、その区間の測定値に比例する面積をもって柱を並べます。品質特性値のばらつきや分布を示します。横軸に測定値、縦軸に個数をとると図 3-2 のように規格範囲に分布します。

図 3-2　ヒストグラム

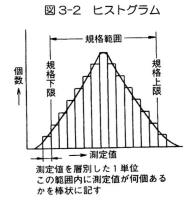

3）正規分布

　計量値の分布の中でも代表的な分布で、**図 3-3** に示すように中心線の左右は対称になっています。

図 3-3　正規分布

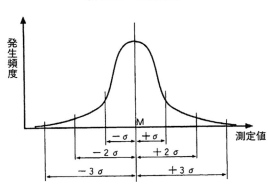

4）管理限界

　図 3-4 でM±3σのところに管理限界線を引くと全体の 99.7%は合格品となり、不良品は 1000 個中の3個の発生率となります。 上部管理限界と下部管理限界との距離は3σにするのが普通で、これを管理限界といいます。

図3-4

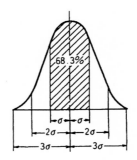

5）度数分布

　品質特性値を等間隔に組み分けして、その組み分けられたものに含まれる測定値の数を調べる方法です。データを 50 ～ 100 個以上とり、測定値を層別に分けて棒状のグラフにしたものです。図 3-5 にその見方を示します。

図3-5　度数分布の見方

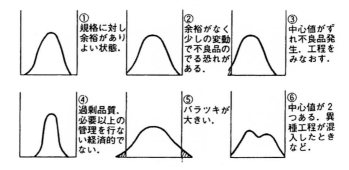

6）パレート図

　製品不良やクレーム、災害事故、機械の故障などを目的に合わせて分類した
データをとり、損失金額や発生件数などの多い順に並べたもので、ヒストグラムの
各項目を折れ線で累積図を示したものです。（図 3-6）

図 3-6　パレート図

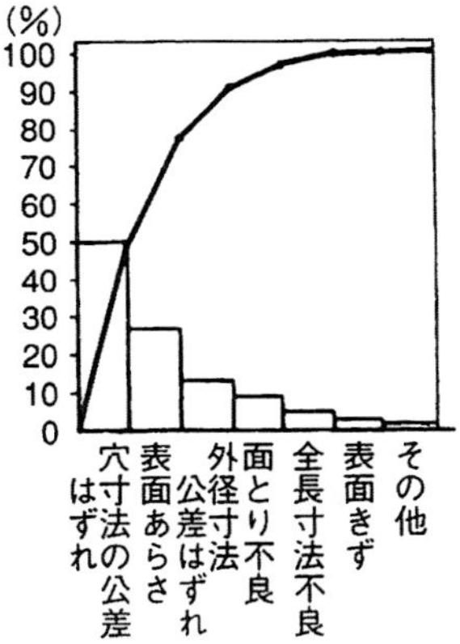

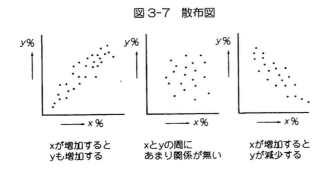

7）散布図

　要因と特性との間にどういう関係があるのか、又は関係がないのかということを
みるのに使われます。2つの変数を縦軸と横軸にとり、グラフ化した図です。（図 3-7）

図 3-7　散布図

59

8）チェックシート

　あらかじめ点検すべき項目を2次元表に配置し、現像とそのレベルを明記します。これに従ってチェックし、どこに問題があるかを明らかにします。

9）抜取検査

　製品全体から一部の試料を抜取って、検査して品質の良否を判断します。製造工程が安定していて、全体的にばらつきなど少ない製品であるというのが前提です。

　データをとる場合、一般には数値の形で表すときに、計数値と計量値があります。

1）消費者危険

　所定の抜取検査方式において、ロット又は工程の品質水準（例えば、不適合品率）がその抜取検査方式では不合格と指定された値のときに、合格となる確率。

2）生産者危険

　所定の抜取検査方式において、ロット又は工程の品質水準（例えば、不適合品率）がその抜取検査方式では合格と指定された値のときに、ロット又は工程が不合格となる確率。

【合格水準の決め方による分類】

①なみ検査

　製品の品質水準が、合格品質水準と違っていると考える特段の理由がないときに用いる検査。

②きつい検査

　なみ検査よりもきびしい検査。規定された数のロットに対する検査の結果が、規定されたものよりも悪い製品の品質水準を示した以降に切り替える。

③ゆるい検査

　なみ検査よりもきびしくない検査。規定された数のロットに対する検査の結果が、規定されたものよりもよい製品の品質水準を示した以降に切り替える。

2．管理図の作成方法

1）P管理図

　不良率の管理図ですが、ロットの検査個数は異なるのが一般的です。従って
この場合は、不良率を計算して管理図を作成しなければなりません。一般的によ
く使われる管理図です。

2）x̄－R管理図

　平均値（x̄）と範囲（R）の管理図です。品質を長さ、重さ、強さなどのよう
に量によって管理する場合、この管理図を利用します。図3-8 に示すように、平
均値のばらつきを調べる x̄ 管理図とばらつきの変化を調べるR管理図からなり、
どちらかの管理図に異常を認めたとき、その工程に異常ありと判断します。

図3-8　x̄－R管理図

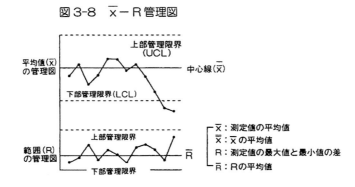

3）Pn管理図

　不良個数の管理図といわれ、サンプル中にある不良品の数を不良個数Pnで
表したときに用います。

4）C管理図

　欠点数管理図のことをいいます。一定単位中の不良箇所の数など欠点数を管
理するために使用します。

【試験によく出る工程管理用語】

合格品質水準
　一連の継続的ロットを考えたとき、抜取検査の目的では工程の満足な平均品質の限界と考えられる品質水準。

限界品質水準
　一連の継続的ロットを考えたとき、抜取検査の目的では不満足な工程平均の限界と考えられる品質水準。

管理水準
　安定した工程の状態を表す値。例えば、X、R、pなどで表すことができる。

偶然原因
　変動の原因となり、一般には数多くあるが比較的重要度の低い因子。必ずしも同定されてはいない。同定されたとしても取り除くことが技術的あるいは経済的に困難な因子。

統計的管理状態
　時系列データの変動が時間的に安定した偶然原因によって引き起こされた状態。

管理図
　連続した観測値もしくは群のある統計量の値を、通常は時間順またはサンプル番号順に打点した、上側管理限界線、及び／又は、下側管理限界線をもつ図。打点した値の片方の管理限界方向への傾向の検出を補助するために、中心線が示される。

確率限界
　工程が統計的管理状態にあるとき、管理図上で統計量の値が前もって設定したかなり高い確率で存在する範囲を示す限界。

警戒限界
　工程が統計的管理状態にあるとき、管理図上で統計量の値が高い確率で存在する範囲を示す限界。

第4章
機械要素

1. ねじ
2. ボルト・ナット
3. キー
4. コッタ・ピン・リベット
5. 軸・軸継手
6. 軸受
7. 歯車
8. ベルト・チェーン
9. ばね・ブレーキ
10. カム・リンク・管

1．ねじ

1）ねじの原理と各部の名称

　図4-1のように、円筒の周囲にβの角度をもった直角三角形の紙を巻き付けると、円筒の表面に、紙の斜辺A、Bによる点線を描くことができます。このつる巻き線がねじの基本形であり、つる巻き線に沿ってみぞや突起をつくったものをねじといいます。

　図4-2にねじの各部の名称を示します。

図4-1　ねじの原理

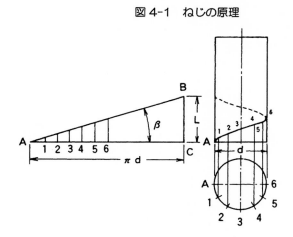

図4-2　ねじの各部の名称

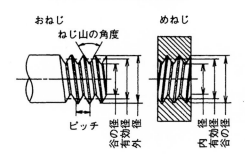

2）リード角とねじれ角
①リード角
　　つる巻き線とその1点を通るねじの軸に直角な平面がつくる角度。
②ねじれ角
　　つる巻き線とその上の1点を通り、ねじの軸に平行な平面とでつくる角度。
　　図4-3にリード角（β）とねじれ角（α）を示します。

図4-3　リード角とねじれ角

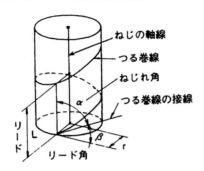

3）リードとピッチ
①リード（L）
　　ねじが1回転して上に進む距離、すなわち、ねじ上の1点が軸方向に移動した距離。
②ピッチ（P）
　　ねじ山の隣り合う山の相対応する2点間の軸方向の距離。（図4-4）

図4-4　ピッチ

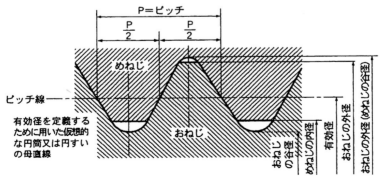

4）ねじの条数
①一条ねじ
　1本のねじ山でできたねじで、ピッチとリードが一致している。（L＝P）
②多条ねじ
　2本以上のねじ山でできたねじで、ピッチとリードの関係は、
L＝N×P、P＝L／N（N＝条数）となります。

5）右ねじと左ねじ
①右ねじ
　ナット（めねじ）とボルト（おねじ）の組合わせでボルトを右回転すれば前進し、左回転すれば後退します。一般的にねじというと右ねじのことです。
②左ねじ
　左回転すれば前進し、右回転すれば後退します。危険防止のための特殊な用途に用いられます。

6）呼び径と有効径
①呼び径
　ねじの基本寸法を表す直径のことで、おねじの外径寸法をいいます。
②有効径
　ねじの谷の部分と山の部分が等しくなる仮想の円筒の直径をいいます。

7）フランク
　ねじ山の頂と谷底とを連結している面をいいます。又、軸線に直角な直線とフランクのなす角をフランク角といいます。

8）有効断面積と谷の断面積
①有効断面積
　おねじの有効径と谷の径との平均値を直径とする断面積のことで、次の式で求められます。

$$有効断面積 = \frac{\pi}{4}\left(\frac{有効径+谷の径}{2}\right)^2$$

②谷の断面積

　おねじの谷の径を直径とする断面積で、ねじの強度計算に使われます。谷の径をd_1とすれば、

$$谷の断面積＝\frac{\pi}{4}d_1{}^2$$

となります。

9）ねじの効率（η）

　次の式で表されます。

　　$\eta = \tan\beta / \tan(\beta + \theta)$

　　β：ねじのリード角

　　θ：ねじの摩擦角

10）ねじの表し方

　ねじの表し方を**図 4-5** に示します。

図 4-5　ねじの表し方

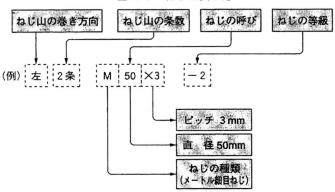

1）ねじの呼びの表し方

① ピッチをmmで表すねじの場合（メートルねじ）

　〔ねじの種類を表す記号〕〔呼び径（直径）〕×〔ピッチ〕

②ピッチを山数で表すねじの場合（ウイットねじ）

　〔ねじの種類を表す記号〕〔直径〕×〔山数〕

（注）ウイットねじはインチ系で現在は廃止されている。古いねじでは現在でも使用されている。

③ユニファイねじの場合

〔直径を表す数字または番号〕－〔山数〕〔種類を表す記号〕

ねじの種類を表す記号およびねじの呼びの表し方を**表 4-1** に示します。

11）ねじの精度と測定

ねじの誤差には、ピッチ誤差、有効径誤差、角度誤差、外径および谷の径の誤差があります。誤差は簡単な計算ですべて有効径の誤差に置き換えることができます。

○測定用具

外　径：ノギス、外側マイクロメータ、指示マイクロメータ、限界ゲージ

有効径：ねじマイクロメータ、三針法によるマイクロメータ

ピッチ：ピッチゲージ、工具顕微鏡

山角度：ピッチゲージ、工具顕微鏡、投影機

総合判定：ねじ用限界ゲージ

12）ねじの種類と用途

①三角ねじ

ねじ山の形状が三角形で山の角度が 60°を有し、一般的に締め付け固定用に使われています。

②角ねじ

大きな力の伝動用に使用します。

③台形ねじ

強度が大きく正確な伝動ができます。

④ボールねじ

おねじとめねじの間に剛球を入れスムーズかつ精密に動力伝達でき、工作機械の駆動装置に多く使われています。

⑤管用ねじ

管の結合に使われ、ねじ山の角度は 55°管用平行ねじ（PF）とテーパ 1/16 の管用テーパねじ（PT）の2種類があります。

⑥丸ねじ

電球の口金のように薄板円筒から転造してつくるものなどに使用されます。

主なねじの種類を**図 4-6** に示します。

表 4-1 ねじの種類を表す記号およびねじの呼びの表し方

区　分	ねじの種類		ねじの種類を表す記号	ねじの呼びの表し方の例	関連規格
一般用	メートル並目ねじ		M	M 8	JIS B 0205
	メートル細目ねじ [(1)]			M 8 × 1	JIS B 0207
	ミニチュアねじ		S	S0.5	JIS B 0201
	ユニファイ並目ねじ		UNC	3/8-16UNC	JIS B 0206
	ユニファイ細目ねじ		UNF	No.8-36UNF	JIS B 0208
	メートル台形ねじ		Tr（TM）	Tr10 × 2	JIS B 0216
	管用テーパねじ	テーパおねじ	R（PT）	R3/4	JIS B 0203
		テーパめねじ	Rc（PT）	Rc3/4	
		平行めねじ [(2)]	Rp（PS）	Rp3/4	
	管用平行ねじ		G（PF）	G1/2	JIS B 0202
特殊用	厚鋼電線管ねじ		CTG	CTG16	JIS B 0204
	薄鋼電線管ねじ		CTC	CTC19	
	自転車ねじ	一般用	BC	BC3/4	JIS B 0225
		スポーク用		BC2.6	
	ミシン用ねじ		SM	SM1/4 山 40	JIS B 0226
	電球ねじ		E	E10	JIS C 7709
	自動車用タイヤバルブねじ		TV	TV8	JIS D 4207
	自転車用タイヤバルブねじ		CTV	CTV8 山 30	JIS D 9422

［備考］かっこ内の記号は、将来廃止される予定である。
［注］[(1)] 細目ねじであることを特に明らかに示す必要があるときは、ピッチの後に"細目"の文字を丸かっこに入れて記入することができる。（例）M 8 × 1（細目）
[(2)] この平行めねじ Rp は、テーパおねじ R に対してだけ用いる。また PS は、テーパおねじ PT に対してだけ用いる。

図4-6　ねじの種類

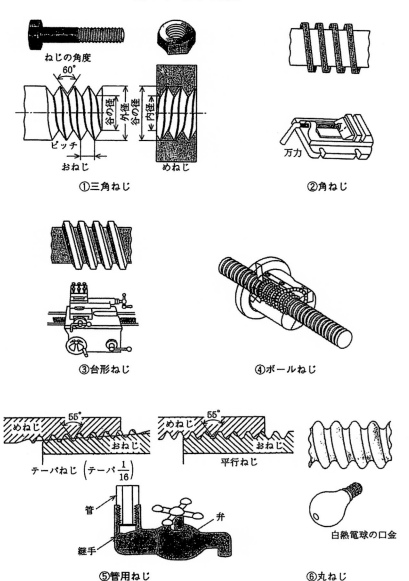

①三角ねじ

②角ねじ

③台形ねじ

④ボールねじ

⑤管用ねじ

⑥丸ねじ

2．ボルト・ナット

　一般的に六角ボルトと六角ナットが多く使用されています。六角ボルトと六角ナットの呼び方を**表**4-2に示します。

表4-2　六角ボルトと六角ナットの呼び方

[JIS B 1180、1181]

種　類	等　級		形状種別	呼び方	例
六角ボルト	上中並	1級、2級　　3級	平　先　　丸　先	種類、等級、ねじの呼び×ℓ　材質（指定事項）	六角ボルト上2級4TM8×40S25C-D 座付き。六角ボルト上3級M3×0.5×20、SS41B（丸先）
六角ナット	上中並	1級、2級　　3級	1種2種3種（4種）	種類、形状の区別等級、ねじの呼び、材質（指定事項）	六角ナット1種上3級4TM8、S 30 C六角ナット4種並4級OTM6、S 30 C

1）ボルトの種類
①通しボルト
　一般的に多く使用され、締め付ける部分にボルトの外径より1〜2mm大きい切り穴を明け、六角ボルトを通して先端のねじ部にナットをはめて締め付けます。
②リーマボルト
　ボルトにせん断荷重がはたらくときに、あそびがあるとボルトが曲がりやすいので穴をリーマ仕上げとし、リーマを通した穴にはめ込んで使用します。
③ねじ込みボルト
　ねじ込んで2つの物を取り付けるときに使用します。
④植込みボルト
　両端のねじを切ったボルトで、ねじの一方を部品に植え込み、片方を突き出させてそこへナットをはめて締め付けます。
⑤両ナットボルト
　通しボルトが通らない構造の場合、両端のねじを切ってあるボルトを使い、両端にナットをはめて締め付けます。

⑥その他のボルト

T形ボルト、アイボルト、基礎ボルトなどがあります。

2）ナットの種類

①六角ナット

最も多く使用され、片側面取り、両側面取り、薄型の3つの形があります。（図4-7）

②特殊ナット

用途に応じていろいろなナットがあります。（図4-8）

図4-7　六角ナット

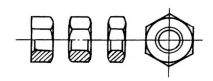

図4-8　特殊ナット

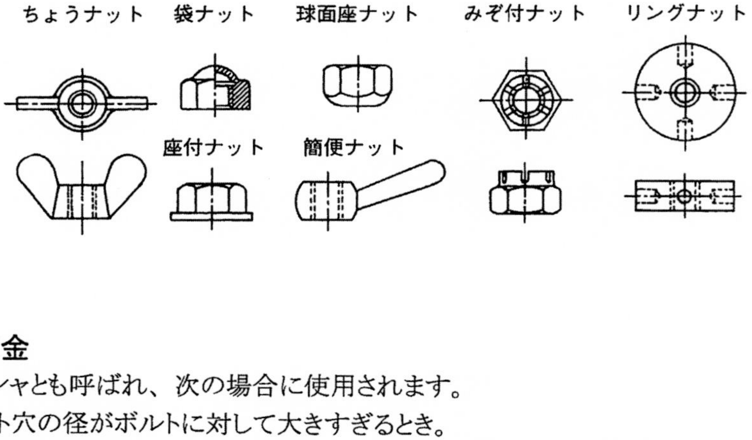

ちょうナット　　袋ナット　　球面座ナット　　みぞ付ナット　　リングナット

座付ナット　　簡便ナット

3）座金

ワッシャとも呼ばれ、次の場合に使用されます。

①ボルト穴の径がボルトに対して大きすぎるとき。

②座金が平らでなく、粗かったり傾斜しているため、締め付け力が平均にかからないときや座面の材料が弱く広い面で支えなければならないとき。

③振動や回転のため、ボルト・ナットのゆるみや抜け落ちを防止するとき。

図4-9にいろいろな座金を示します。

図 4-9　いろいろな座金

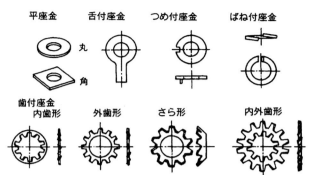

平座金　　舌付座金　　つめ付座金　　ばね付座金

丸

角

歯付座金
内歯形　　　外歯形　　　さら形　　　内外歯形

3．キー

　　キーは長方形の断面を持つ四角な柱状のものが一般的です。キーには、平行キーと1/100のこう配がついたこう配キーがあります。

1）キーの種類
①くらキー
　　ボス側に1/100のこう配のキーみぞをつくり、下面は軸に接した円弧でその摩擦力で固定します。軸とキーの摩擦力だけでトルクを伝えるので軽荷重にしか用いることができません。（**図4-10**）
②平キー
　　ボスにこう配1/100のキーみぞをつくり、軸はキー座としてキーの幅だけ平らにして仕上げます。（**図4-11**）
③沈みキー
　　軸とボスの両方にみぞを切り、打ち込み又は植え込みによりキーを沈めて用います（**図4-12**）。沈みキーの種類を**図4-13**に示します。
　　・打込キー（こう配キー）
　　軸のキーみぞは軸平行にし、ボスのキーみぞはキーと同じこう配にします。
　　・植込キー（平行キー）
　　軸・ボスのキーみぞはともに平行にします。

図4-10　くらキー　　　図4-11　平キー　　　図4-12　沈みキー

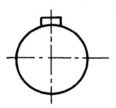

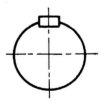

図4-13　沈みキーの種類

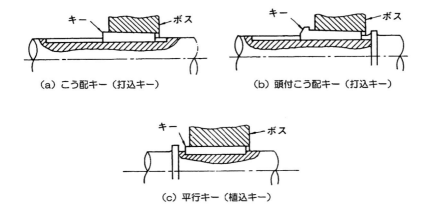

（a）こう配キー（打込キー）　　　　（b）頭付こう配キー（打込キー）

（c）平行キー（植込キー）

④接線キー

互いに反対のこう配をもつキーを2個合わせて、軸の接線方向に打ち込んで使います。変動トルク、衝撃荷重の大きいところに用います。（**図 4-14**）

⑤半月キー

キーとキーみぞの加工が容易でキーをみぞにはめ込んでからボスを押さえ込みます。自動車のファン軸、発動機の回転軸、工作機械のハンドル軸などに用いられます。（**図 4-15**）

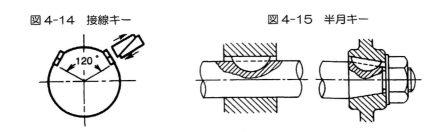

図4-14　接線キー　　　　　　　　図4-15　半月キー

⑥すべりキー

こう配を付けず、軸方向にしゅう動できるようキーの長いのが特徴です。
変速歯車などに用いられます。（**図 4-16**）

⑦丸キー

　軸とボスをはめ合わせた位置でピンを打ち込みます。トルクが小さい小物・軽荷重に用います。（図 4-17）

⑧円すいキー

　軸やボスにキーみぞをつくらず、ボス穴を円すい状につくり、3つ割りにした円すい筒形のキーを打ち込み、摩擦力だけで回転力を伝達します。（図 4-18）

図 4-16　すべりキー

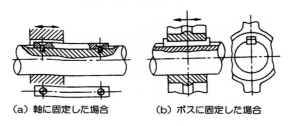

（a）軸に固定した場合　　　　（b）ボスに固定した場合

図 4-17　丸キー　　　　　　　図 4-18　円すいキー

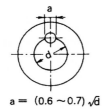 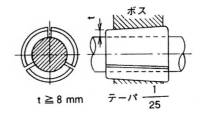

$a = (0.6 \sim 0.7) \sqrt{d}$ 　　　　　$t \geqq 8$ mm　テーパ $\dfrac{1}{25}$

4．コッタ・ピン・リベット

1）コッタ

コッタは軸と軸を軸方向に緩みがないように結合するのに使います。こう配の大きさは、着脱が多いものは1/5 〜 1/10、取り外す必要のないものは1/50 〜 1/100 とします。

2）ピン

ピンは一時的又は半永久的に機械部品を結合するのに用いられます。

① テーパ・ピン

大きな力のかからない歯車やレバーなどを軸に取り付けたりするのに使用します。（図 4-19）

② 平行ピン

板材を多数重ねて保持したり、部品の関係位置を正しくしたり、すべてのキーの代用に使用されたりします。（図 4-20）

③ 先割りピン

先端を開いて締結をより確実にするため割を入れたものです。（図 4-21）

④ 割りピン

簡単な止めナットをしたり座金とともに使って軸や穴に肩の部分をつくり、部品を軸方向に保持したりします。（図 4-22）

図 4-19　テーパ・ピン

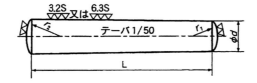

図 4-20　平行ピン

A形

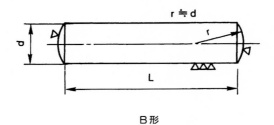

B形

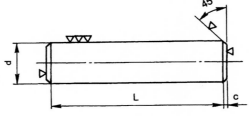

図 4-21　先割りピン

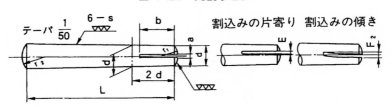

割込みの片寄り　割込みの傾き

図 4-22　割りピン

3）リベット

　2個以上の形鋼や鋼板、そのほかの金属を重ねて、半永久的に結合する方法をいいます。

　リベットの種類は、頭部の形状によって**図4-23**のような種類があり、目的・強度によって使い分けをします。

図4-23　リベットの種類

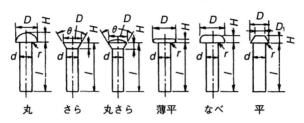

丸　　さら　　丸さら　　薄平　　なべ　　平

〔方法〕

・コーキング

　気密を必要とする場合、リベット後に板の端、リベット頭部端にかしめます。（**図4-24**）

・フラーリング

　コーキングよりさらに気密を完全にするため、板厚と同じ幅の板で打つことをいいます。（**図4-25**）

図4-24　コーキング　　　　　　　図4-25　フラーリング

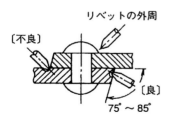

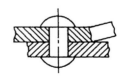

4）リベット継手

　リベットを用いて、金属の板や形鋼を締結する継手。ボイラ、タンク、構造物の継手として用いられ、種類としては重ね継手と突き合せ継手があり、配列方法としては並行形と千鳥形があります。（**図 4-26**）

図4-26　リベット継手

重ね継手

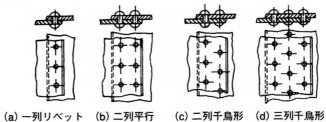

（a）一列リベット　（b）二列平行　（c）二列千鳥形　（d）三列千鳥形

突合せ継手

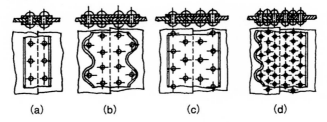

（a）　　　　　（b）　　　　　（c）　　　　　（d）

5．軸・軸継手

1）軸の種類

①伝動軸（シャフト）

　主としてねじり作用のみを受ける軸と、ねじりと曲げの両作用を同時に受ける軸があります。ねじりと曲げの両作用を同時に受ける軸には歯車軸、クランク軸、中間にベルト車を備えた工場伝動軸などがあります。

　現在は、このようなシステムはほとんどみられません。各機械には独立した駆動系をもっています。伝動軸の基本的機能を示しています。（**図4-27**）

図4-27　伝動軸

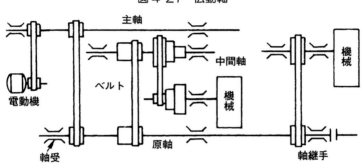

②車軸（アスクル）

　鉄道車両の両車軸を連結固定したもので、主として曲げ作用を受ける回転軸、静止軸をいいます。

③スピンドル（主軸）

　ねじりの他にせん断、曲げ、引張り作用を受けます。形状、寸法が精密で変形が少なく摩耗に強く、工作機械の主軸などに使用されます。

④たわみ軸

　たわみ性を持たせて伝動中に軸の方向を自由に変えられるようにしたものです。

⑤クランク軸

　内燃機関などで直線運動を回転運動に変えるために使われる軸で、曲げ軸ともいいます。

⑥スプライン軸

　複数の歯を用い、キーに比べ1歯当たりに加わる応力を低減でき、キーみぞ付き軸に比べ大きな回転トルクが伝達できます。工作機械、自動車、航空機に使用されます。

⑦セレーション軸

　スプライン軸の歯を三角形の山形にしたもので、軸と穴とを結合するために用いられます。

2）軸継手

　軸と軸をつなぎ、動力や回転を伝達する機械要素です。

　軸継手は結合しようとする軸の軸心が、一致しているときに使う固定軸継手と多少軸心がずれているときに使うたわみ軸継手があります。

　2軸が交差しているときには自在軸継手（ユニバーサルジョイント）が利用できます。**図 4-28** に様々な軸継手を示します。

図 4-28　様々な軸継手

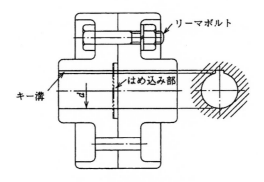

フランジ形固定軸継手

82

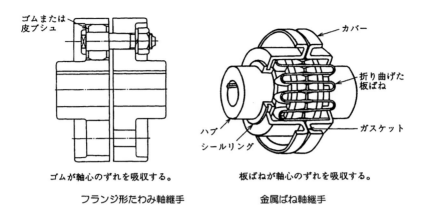

ゴムまたは
皮ブシュ

カバー

折り曲げた
板ばね

ハブ

シールリング

ガスケット

ゴムが軸心のずれを吸収する。

板ばねが軸心のずれを吸収する。

フランジ形たわみ軸継手

金属ばね軸継手

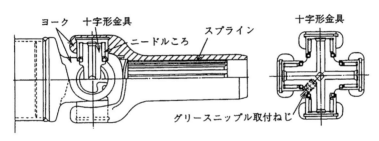

ヨーク　十字形金具

十字形金具

ニードルころ

スプライン

グリースニップル取付ねじ

フック形自在軸継手

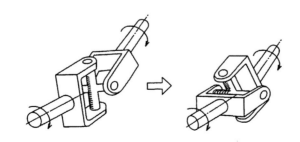

自在軸継手の動き

83

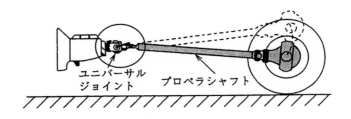

ユニバーサル
ジョイント　　　　プロペラシャフト

自在軸継手（ユニバーサルジョイント）

3）クラッチ

　クラッチは原動軸を回転したまま従動軸に回転を伝えたり、切り離したりすることができ、かみ合いクラッチ、摩擦クラッチ、流体クラッチに分類できます。

①かみ合いクラッチ

　単純な構造で、かみ合ってしまえば確実な動力伝達ができますが、原動側が高速回転しているときや大きな動力がかかる場合は、回転中のかみ合わせは不可能です。

②摩擦クラッチ

　従動軸の摩擦板を原動軸の摩擦板にばねの力や電磁力で押し付け、このときに発生する摩擦力で動力を伝達するものです。

③流体クラッチ

　原動軸に直結した羽根車（ポンプインペラ）によって外側に飛ばされた油を、従動軸の羽根（タービンインペラ）に当てることで従動軸を回転させるものです。

6．軸受

1）軸受の基本構造

　軸受は原則として、2つの軌道輪といくつかの転動体と保持器と軸受部品からなっています。**図 4-29** に軸受の基本構造を示します。

図 4-29　軸受の基本構造

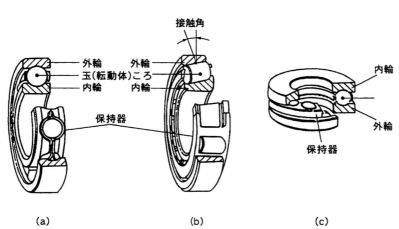

(a)　　　　　　　　　　(b)　　　　　　　　　　(c)

2）軸受の分類

　軸受は、軸と軸受が滑り接触をする「すべり軸受」と、転がり接触をする「転がり軸受」に分類されます。又、これに作用する力の方向からラジアル軸受とスラスト軸受に分類されます。

①すべり軸受

　軸を直接支持する軸受メタル（ブッシュ）とこれを保持する軸受本体から構成され、軸受内の軸の部分をジャーナルと呼び、ラジアルすべり軸受はジャーナル軸受ともいいます。

②転がり軸受

　玉（ボール）やころを媒体として軸を回転するために摩擦抵抗が少なく動力損失が少ないことがあげられます。転がり軸受の代表的な種類を**図 4-30** に示します。

図4-30　転がり軸受の種類

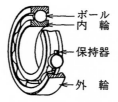

ボールの軌道にみぞがあるために、ラジアル荷重のほかに、多少のスラスト荷重も受けることができる。
（a）深溝玉軸受（JIS B 1521）

外軸の内側が球面となっていて、
軸心の多少の傾きは吸収される。
（b）自動調心玉軸受（JIS B 1523）

ボールのかわりに円筒ころを転動体にしてい
るため大きなラジアル荷重に耐えられる。
（c）円筒ころ軸受（JIS B 1533）

スラスト荷重を支えるための、
玉軸受である。
（d）スラスト玉軸受（JIS B 1532）

スラスト荷重を主に受けるが、ころが傾いている
ために多少のラジアル荷重も支えることができる。
（e）スラスト自動調心ころ軸受（JIS B 1539）

2）転がり軸受の寿命

　転がり軸受の寿命とは転動体の表面、又は軌道輪の疲れによるはく離減少が
生じるまでの総回転数をいいます。

　同一軸受でもばらつきがあるので、同一条件で回転したとき、そのうちの90%
以上が耐えうる寿命を定格寿命といい、定格寿命が100万回になるような荷重を
基本負荷容量といいます。

7．歯車

　かみ合う歯によって運動を伝達する機械要素を歯車といい、その形状によって
円筒歯車、かさ歯車、ウォーム歯車があります。かみ合う2軸から、
①2軸が平行な歯車
②2軸が交わる歯車
③2軸が平行も交わりもしない歯車
に分けられます。

1）歯車の歯形
①インボリュート曲線（インボリュート歯車）
　図4-31のように円柱に糸を巻き付けてその糸の一端に鉛筆を巻き付け、糸を
張りながらほどいていくとき、糸の上の1点が描く曲線をその円のインボリュートと
いい、この円を基礎円といいます。
②サイクロイド歯車
　図4-32のように、固定された円の外側を1つの円が転がり運動をするとき、そ
の円周上の1点が描く曲線をエピ・サイクロイドといいます。サイクロイド歯形は、
エピ・サイクロイドとハイポ・サイクロイドの2つの曲線でつくられます。

図4-31　インボリュート曲線　　　　　図4-32 サイクロイド歯車

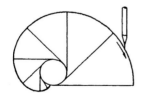

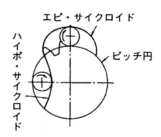

2）歯車の種類
①2軸が平行な歯車
　円筒歯車、平歯車、はすば歯車、右ねじれはすば歯車、左ねじれはすば歯車、
ラック、やまば歯車、外歯車、内歯車。

②2軸が交わる歯車

　かさ歯車、斜交かさ歯車、冠歯車、マイタ歯車、すぐばかさ歯車、はすばかさ歯車、やまばかさ歯車、まがりばかさ歯車、ゼロールベベルギヤ。

③2軸が平行でなく交わりもしない歯車

　ねじ歯車、円筒ウォームギヤ、鼓形ウォームギヤ、多条ウォームギヤ、フェース・ギヤ、ハイポイド・ギヤ。

　様々な歯車を図 4-33 に示します。

図 4-33　歯車の種類

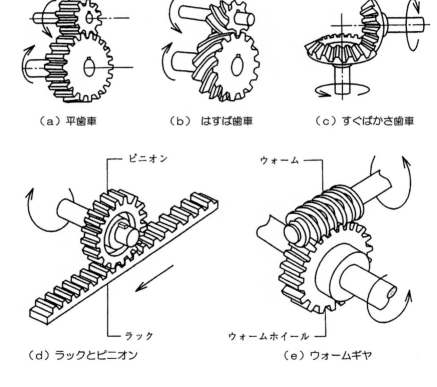

　（a）平歯車　　　　　　（b）はすば歯車　　　　（c）すぐばかさ歯車

　（d）ラックとピニオン　　　　　　（e）ウォームギヤ

3）歯の大きさを表す基本寸法

①モジュール（m）

　基準ピッチ t_0（これを歯数倍したものが基準ピッチ円周）を円周率 π で除したもので単位はmmです。基準ピッチ円の直径 d_0 をmmで示し、これを歯数（z）で割ったもので1歯当たりの直径ということもできます。

　　　$m = d_0 / z$　　　　$m = ピッチ円直径（d_0）/ 歯数（z）$

　　　d_0：ピッチ円直径　　　z：歯数

②円ピッチ（P）

　歯面と対応する歯面それぞれに規定された1点で交わる曲線を考え、両交点によって切り取られる部分の長さをいいます。（**図 4-34**）

　　　$P = \pi \, d_0 / z$　　　$P = ピッチ円（\pi \, d_0）/ 歯数（z）$

　　　$\pi \, d_0$：ピッチ円　　　z：歯数

図 4-34　円ピッチ

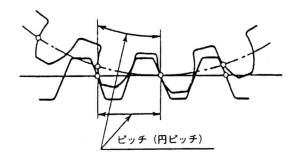

ピッチ（円ピッチ）

③ダイヤメトラルピッチ（直径ピッチ　DP）

　インチ式寸法の場合、歯数zを基準ピッチ円の直径 d_0 で除した数をいいます。

　　　$DP = z / d_0$　　　$DP = 歯数（z）/ ピッチ円直径（d_0）$

　　　d_0：ピッチ円直径　　　z：歯数

4）歯の形状

①圧力角

　歯面上の1点でその半径線と歯形への接線となす角。（**図 4-35**）

②歯厚

　歯車と同心円の円弧（円弧歯車）又は歯直角つる巻き線を1つの歯の両側の歯形が切り取る部分の長さ。（図4-36）

③弦歯厚

　1つの歯の内側、歯形と歯車と同心円、又は歯直角つる巻き形との交点間の最短距離。（図4-36）

④歯みぞの幅

　1つの歯みぞの両側の歯形が切り取る歯車と同心円の弧、又は歯直角つる巻き線の長さ。（図4-37）

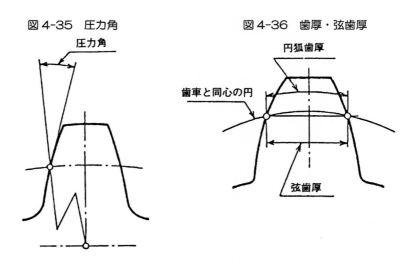

図4-35　圧力角　　　　　　　　図4-36　歯厚・弦歯厚

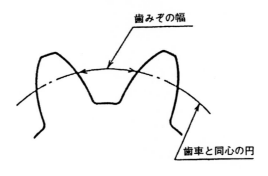

図4-37　歯みぞの幅

5）歯車の測定
①歯車の誤差
・単一ピッチ誤差

　　隣り合った歯のピッチ円上における実際のピッチと正しいピッチとの差。
・隣接ピッチ誤差

　　ピッチ円上の隣り合った2つのピッチの差。
・累積ピッチ誤差

　　任意の2つの歯の間のピッチ円上における実際のピッチの和とその正しい値との差。
・法線ピッチ誤差

　　正面法線ピッチの実際寸法値と理論値の差。
②歯形誤差
　　実際の歯形とピッチ円の交点を通る正しいインボリュート歯形を基準として、これに垂直な方向に測定して得られた正（＋）側誤差と、負（－）側誤差の和をいいます。
③歯みぞの振れ
　　玉、あるいはピンなどの接触片を、歯みぞの両側歯面にピッチ円付近で接触させたときの半径方向の位置の最大差をいいます。
④歯すじ方向の誤差
　　ピッチ円周上において必要な検査範囲内の歯幅に対応する実際の歯すじ曲線と理論上の曲線の差をいいます。

6）歯車寸法の測定
①弦歯厚法
　　1枚の歯厚をノギスで測定する方法。
②またぎ歯厚法
　　歯厚マイクロメータを用いて平行な面で、ある枚数の歯をはさんで測定する方法。
③オーバピン法
　　両側歯面に接するような直径のピン（玉）をマイクロメータで、はさんで測定する方法。

8．ベルト・チェーン

1）ベルト伝動

　ベルトの伝動には、ベルト断面が板状の平ベルトによる伝動と、断面が台形の
Vベルトによる伝動があります。

①平ベルトの種類

　皮ベルト、木綿ベルト、ゴムベルト、鋼ベルト、タイミングベルト

②平ベルトの掛け方

　並行掛け（オープンベルト）、十文字掛け（クロスベルト）

③巻き付き接触角

　角度が大きくなればなるほど、ベルトのすべりは小さくなり、大きな動力を伝え
ることができます。平ベルトでは 160°が最小限で 180°がふつうです。

④Vベルト

　駆動用Vベルトとしては、標準Vベルトおよび細幅Vベルトが代表的です。

　図 4-38 に示すように断面が台形をしたエンドレスのベルトでVベルトの角度は
40°が基準です。

図 4-38　Vベルト

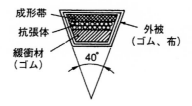

⑤Vプーリ

　鋳鉄製または鋳鋼製でVプーリは径が小さいものほどみぞの角度は小さく、み
ぞの形はVベルトの寿命や伝動効率に影響します。

　みぞの角度は、34°、36°、38°があります。

2）チェーン伝動

　チェーンはスプロケット（鎖車）にかかって送られる伝動装置です。

[特徴]
1) 滑りのない一定の速度比が得られる
2) 耐熱、耐油、耐湿性がある
3) 伝動できる効率は95%以上である
4) 高速回転には不適である
[種類]
①ローラチェーン（図4-39）
②サイレントチェーン（図4-40）

図4-39　ローラチェーン

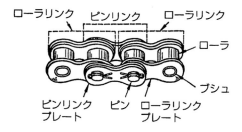

図4-40　サイレントチェーン

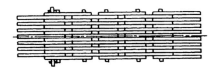

9．ばね・ブレーキ

1）ばねの分類

使用目的によって分類と形状があります。**表 4-3** にばねの種類と利用分野を示します。

表 4-3　ばねの種類と利用分野（◎は利用度が高い）

利用分野 ＼ ばねの種類	重ね板ばね	コイルばね	トーションバー	線ばね	シートばね	ぜんまいばね	薄板ばね	皿ばね
自動車	◎	◎	◎	◎	◎	◎	◎	
鉄道車両	◎	◎	○	◎	◎	○	◎	○
産業車両	◎	◎	○	◎		○	◎	○
船舶		◎		◎		○	◎	
航空機				◎			○	
農業機械	○	◎	◎	◎		○	◎	
繊維機械				◎				
その他機械	○	◎		◎		◎	◎	○
電気・通信機器		○		◎		◎	◎	
精密機械（カメラ・時計）				◎		◎	○	
事務機械・計量計測器				◎		○	◎	
家具類				○	◎		○	
扉・シャッタ		◎		◎			○	
ボイラ		◎		○				
機械汎用部品	○	◎		◎		○	◎	◎

2）ばねの種類
①円筒コイルばね、②重ね板ばね、③うず巻きばね
④竹の子ばね、⑤トーションバー、⑥皿ばね

・非金属ばね
① ゴムばね、②油ばね、③空気ばね

3）ブレーキ

①ブロックブレーキ
・単ブロックブレーキ：1つのブレーキ片で作動するもの
・複ブロックブレーキ：2つのブレーキ片でブレーキ輪に力を与え作動させるもの

②帯ブレーキ
　石綿、織物、木片、皮革などを張り付けた鋼帯、皮革帯をブレーキてこによって引張り制動するもの

③円すいブレーキ
　外円すいは、機械のフレームに固定され、内円すいは、制動させる回転板へフェザーキー止めになっていて、これを力で押し込んで制動するもの

④円板ブレーキ
　円板と円板を密着させてブレーキ力を得るもの

⑤自動荷重ブレーキ
　荷が加速度的に降下するのを防ぐために用いられるもの

⑥電磁ブレーキ
　摩擦ブレーキのブレーキ片の操作力として電磁力を利用したもの

表 4-4 にブレーキの分類を示します。

表 4-4　ブレーキの分類

ブレーキ	ブロックブレーキ	単ブロックブレーキ（小さい回転力制動用）	
		複ブロックブレーキ	外側ブレーキ
			内側ブレーキ
	帯ブレーキ（石綿織物、皮などを張った鋼帯で胴を締付ける）		
	円すいブレーキ（軸方向の力とくさび作用で制動を行う）		
	円板ブレーキ（多板式の円板ブレーキなど）		
	電磁ブレーキ（電磁力によって摩擦制動をする）		
	自動荷重ブレーキ　→　ウォームブレーキ		

10.　カム・リンク・管

1）カム
　円形、だ円形、その他特殊形状をした機械の部品で、直接接触によって従動部に必要とする周期運動をさせるために使います。

2）カムの種類
①平面カム
　板カム、直動カム、反対カム、確動カム
②立体カム
　円筒カム、円すいカム、球状カム、斜面カム、端面カム

3）リンク仕掛
①てこクランク機構
　4つの棒（リンク）をピンで連結したリンク装置をいいます。
②早戻り機構
　工作機械において作業効率をあげるために、行き工程に対し戻り工程の時間を短くしたものです。

4）管
　一般的に流体の輸送に用いられますが、重量は軽くかつ重量に対する強度が大きいので構造用にも利用されることがあります。
① 鋼管
　炭素鋼鋼管は、蒸気、水、ガス、空気などの配管用として広く用いられ、使用目的によって種類があります。
・配管用炭素鋼鋼管（SGP）
　ガス管と呼ばれるもので、使用圧力の比較的低い、蒸気、水、油、ガスおよび空気などの配管に用いられます。
・圧力配管用炭素鋼鋼管（STPG）
　炭素鋼を熱間仕上げ又は、冷間仕上げによって継目なくのばして製造したものと電気抵抗溶接により製造したものがあり、蒸気管、油圧管、水圧管、冷凍用管、コンデンサ管、高圧ボイラ管、高圧ガス管などに用いられます。

第5章
機械工作法

1．工作機械

　切削加工を行うためには切削工具と工作物の間で相対運動をさせる必要があり、これを実現する機械のことです。切削工具と工作物との相対運動から分類したものを**表 5-1** に示します。

表 5-1　切削工具と工作物の相対運動による切削加工形態の分類

相対運動の形態		工作機械	切削工具	作業内容
工作物が運動	工作物が回転運動	旋盤	バイト	円筒形状の加工
	工作物が直線運動	平削り盤	平削りバイト	比較的大きい平面の加工
切削工具が運動	工具が回転運動	フライス盤 ボール盤 中ぐり盤 金切り丸のこ盤	フライス ドリル 中ぐりバイト 丸のこ	平面、曲面、みぞの加工 円形の穴あけ 円形の穴の拡大、仕上加工 切断
	工具が直線運動	形削り盤 立削り盤 ブローチ盤 金切り丸のこ盤	形削りバイト 立削りバイト ブローチ ハクソー	平面の加工 比較的小さい垂直平面の加工 各種形状の穴加工 切断

1）旋盤

　固定された工作物をバイトと呼ばれる工具で切削加工をする工作機械の1つです。もっとも標準的な普通旋盤（**図 5-1**）、主軸が上を向いた立て旋盤、タレット式の刃物台をもつタレット旋盤などがあります。

2）フライス盤

　フライス（刃）と呼ばれる工具を用いて平面やみぞなどの切削加工を行う工作機械で、主軸方向別に、立フライス盤と横フライス盤があります。（**図 5-2**）
　フライス盤による加工形態を**図 5-3** に示します。

第5章　機械工作法

図5-1　旋盤

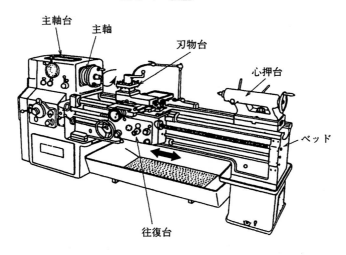

主軸台　主軸　刃物台　心押台　ベッド　往復台

図5-2　フライス盤

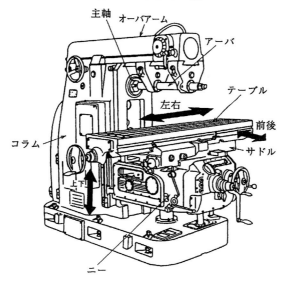

主軸　オーバアーム　アーバ　テーブル　左右　前後　コラム　サドル　上下　ニー

図 5-3　フライス盤による加工の種類

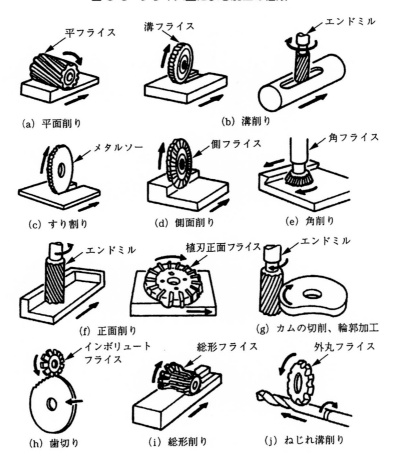

(a) 平面削り　　　　　　　　　(b) 溝削り

(c) すり割り　　　(d) 側面削り　　　(e) 角削り

(f) 正面削り　　　　　　　(g) カムの切削、輪郭加工

(h) 歯切り　　　(i) 総形削り　　　(j) ねじれ溝削り

3) ボール盤と中ぐり盤

　ボール盤は穴を加工する工作機械で、**図 5-4** のように様々な加工を行うことができます。ドリルであけた穴を広げたり、内面の精度を仕上げたりするために中ぐり加工が行われます。高精度加工に対応できる専用の工作機械として中ぐり盤があります。

図 5-4　ボール盤による加工の種類

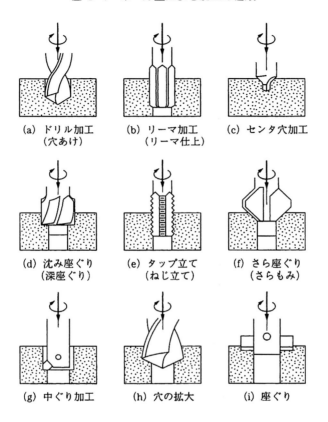

(a) ドリル加工　　(b) リーマ加工　　(c) センタ穴加工
　　（穴あけ）　　　（リーマ仕上）

(d) 沈み座ぐり　　(e) タップ立て　　(f) さら座ぐり
　　（深座ぐり）　　（ねじ立て）　　　（さらもみ）

(g) 中ぐり加工　　(h) 穴の拡大　　　(i) 座ぐり

4）歯切り

歯車を加工する工作機械のことです。歯車を切削加工でつくる方法は、ホブ切りやピニオンカッタによる歯切りなどがあります。

5）ブローチ盤

ブローチ加工を行う工作機械です。図5-5のような複雑な形状の穴を、多段の切れ刃で構成された棒状の工具（ブローチ）を穴に通して引き抜くことで加工することをブローチ加工といいます。

図 5-5　ブローチ加工

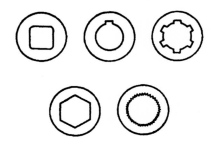

6）NC 旋盤とマシニングセンター

　数値制御（NC）によって工具と工作物の相対位置を自動的に決めながら加工を行う工作機械がNC工作機械で、旋盤をNC化した工作機械がNC旋盤です。
（図 5-6）

図 5-6　NC旋盤

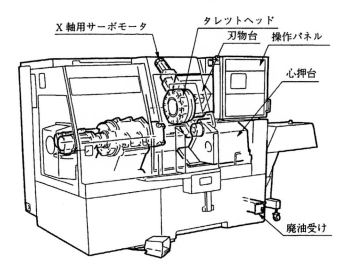

　様々な工程を1台の機械で実現できるようにしたものがマシニングセンターです。（図 5-7）

　NC工作機械の特徴の1つは、手作業では不可能と思われる複雑形状の部品の加工が自動的にできることです。

図 5-7　マシニングセンター

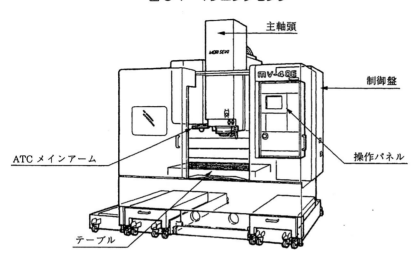

主軸頭

制御盤

ATC メインアーム

操作パネル

テーブル

7）研削盤

　工具として研削砥石を用いる工作機械で、非常に多くの種類があります。代表的なもので、円筒研削盤と平面研削盤があります。

8）ホーニング盤

　主として工作物の円筒内面を、ホーニングヘッドを使用してホーニング仕上げを行う工作機械です。ホーニングヘッドは、砥石を円筒内面に押し付けながら回転するとともに、軸方向に往復します。

9）放電加工機

　干渉用の工具として放電電極又は、ワイヤを用いて工作物との間に放電を行わせ、その際に生じる電極反応によって少しずつ工作物を除去します。

10）その他の工作機械

①歯車加工機

　自動車の変速装置として多用されている歯車を加工する工作機械です。ホブ盤やギヤシェーパがあります。

②超精密工作機械

　電子部品、光学部品、情報機器部品などを加工するための工作機械です。

③レーザ加工機

　レーザによって板を切断し、輪郭形状を切り抜いて板状の精密な部品を製作する工作機械です。

2．表面処理

1）表面処理技術の分類

材料の表面状態を変え、その材料の性質を向上させる表面処理技術は大きく分類して2種類あります。（**表 5-2**）

表5-2　表面処理技術の分類

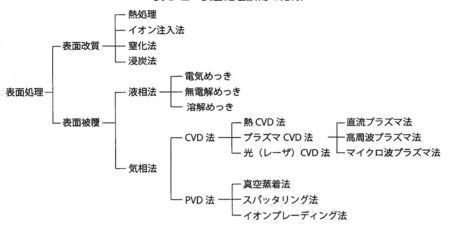

2）金属皮膜処理

金属表面の耐摩耗性・耐食性の向上を目的として、金属で被覆する方法です。

① 電気めっき

めっきにする金属イオンを含む電解質溶液に2本の電極を浸し、直流を通電させ、カソードに金属を被覆する。

② 溶融めっき

溶融金属中に処理をする素材を浸漬し、表面に付着した溶融金属を凝固させ、被覆層を形成させる。

③ 拡散めっき

金属素材の表面層に他の金属を拡散浸透させて被覆層をつくる。

④ 無電解めっき

外部から電流を流すことなく、溶液中の金属イオンを還元剤により還元して、素材表面にめっき皮膜をつくらせる。

3．手仕上げ

1）はつり作業
たがねを用いて、工作物の表面を削り取ったり切断する作業です。
① 平たがね
平面はつり、薄い材料の切断。
② えぼしたがね
みぞや穴のはつり、荒はつり。
③ 丸たがね・半丸たがね
油みぞや角の隅、くぼんだ面のはつり。
④ ダイヤモンドたがね
Ｖ形のみぞ切り、大きな径の管の切断など。

2）やすり作業
やすりを用いて、手仕上げをする作業です。
①鉄工やすり
金属の手仕上げに用いる。平形、半丸形、丸形、角形、三角形の5種類ある。
②組やすり
主として機器の小さな部分の手仕上げに用いる。5本組、8本組、10本組、12本組と本数の多い組ほど1本のやすりの長さは短い。

3）きさげ作業
やすりや機械によって仕上げた面を、基準定盤とすり合わせ、凹凸を調べて高い部分を削り取っていく作業です。種類としては、平きさげ、ささばきさげ、かぎきさげなどがあります。

4）ラップ仕上げ
砥粒とラップ液からなるラップ削を、工作物とラップの間に入れ、圧力を加えながら相対運動をさせ、工作物表面から微量の切粉を削り取って、滑らかな仕上げ面を得る加工法です。ラップ仕上げ作業には、湿式法と乾式法があります。
① 湿式法
荒ラッピング工程で用いる方法。

② 乾式法

　仕上げラップで用いる方法。空ラップ仕上げともいいラップ液を使用しない。

5）みがき作業

　紙又は布やすりを使って行う作業で、バフみがき、木材又は重ね布にコンパウンドを塗付けて行う方法があります。めっきを施した工作物のつや出しなどに用いられます。

（1）**バフ仕上げ作業**：次の3段階に分けられる。

　　荒仕上げ→中仕上げ→つや出し仕上げ

（2）**バフと研磨材**

①バフ

　工作物の断面に応じて適当に変形することが必要であるが、変形しすぎると能率が落ちる。

②研磨材

　油脂で固めてコンパウンドとして市販されているのでこれをバフ円盤に塗って使用する。

6）リーマ通し

　すでに加工された穴の内面を滑らかにするとともに、穴径を正確に仕上げるための作業です。手回しリーマと機械作業用リーマに分類されます。

　又、加工穴形状から、円筒穴加工用リーマとテーパ穴加工用リーマに分類されます。

4．ジグ・取付け具

　工作を容易にし、精度を安定・向上させ、工作物の互換性を向上する補助装置を治工具といい、ジグと取付具に区別されることがあります。

1）ジグ

　多量生産や繰り返し生産を行うときに、工作物にけがきをせずに位置決めや締付けを行い、刃物の案内部をもっている加工補助具のことをいいます。

2）ジグの種類と目的

種類：穴あけジグ、中ぐりジグ、旋削ジグ、フライスジグ、平削りジグ、形削りジグ、研削りジグ、溶接ジグ、組立ジグなどがあります。

目的：取付けや調節の時間が減少し、作業能率が向上する。又、部品の精度が向上し、均一化して互換性が得られます。

3）取付具

　工作物の位置決めや締付けを容易にし、加工を安定させるための補助具のことをいいます。

4）機械組立

　個々に製作された多くの部品を設計図に従って、正しい関係位置に組み上げる作業をいいます。

① 組立作業工具：スパナ類（片ロ・両ロスパナ、モンキスパナ、ボックススパナ、棒スパナ）

② ねじ回し（ドライバ）

③ ペンチ類（丸ペンチ、ニッパ、プライヤ）

5）調整作業

①つり合いの調整

　静つり合いと動つり合いがあり、動つり合いはつり合い試験機で行います。

②つり合い試験機

　静つり合い試験機と動つり合い試験機があり、動つり合い試験機には機械式と電気式があります。

5．潤滑

1）潤滑油の種類

①タービン油

粘度別に1～4号まで4種類あり、無添加タービン油と酸化防止剤・さび止め剤を添加した添加タービン油に大別されます。

②マシン油

一般機械の低・中速の軸受、回転摩擦部に外部潤滑油として広く用いられ、給油方法は手差し給油や滴下給油で通常精製鉱油を用います。

JIS規格ではスピンドル油・ダイナモ油・シリンダ油などがマシン油の規格範囲内に入ります。

③軸受油

VG 10 程度の低粘度高速軸受油が多く、金属に対する腐食安定性と酸化安定性能が要求されます。スピンドル油など。

④油圧作動油

油圧機器の作動油に用いる液体を作動油又は作動液といいます。

一般作動油では、ISO VG32 ～ 68 のタービン油が多く使われ、使用圧力範囲と適正粘度を表 5-3 に示します。

その他に、耐摩耗性油圧作動油、りん酸エステル系油圧作動油、乳化系油圧作動油、水―グリコール系油圧作動油などがあります。

⑤グリース

グリースの成分は基本的には基油・増ちょう剤・添加剤の3成分からなり、これらの成分の組合わせにより、多種多様なグリースが得られます。

一般に鉱油は－ 30℃～＋ 150℃の温度範囲なので、この範囲をこえるものは合成潤滑油を使用します。

表 5-3　一般作動油の使用圧力範囲の適正粘度

種類	使用圧力範囲	適正粘度〔cSt〕	
	〔kgf/cm²〕	40℃	100℃
ISO VG 32	70 以下	29.84	5.421
ISO VG 68	70 以上	67.86	9.224

2）固体潤滑剤の種類

　層状格子構造であるグラファイトと二硫化モリブデンであり、同じ層状構造物質である二硫化タングステン、BNなどがあります。

　非層状無機物のなかで、金属酸化物、水酸化物、硫化物、リン酸化合物などの物質があります。軟質金属は古くから潤滑剤として使用されており、金、銀、銅、アルミニウム、亜鉛、亜鉛合金、ニッケル、鉛、鉛化合物などがあります。性質は、せん断力が小さく、融点が高い、熱伝導度が良い。

3）潤滑方式

①滴下潤滑

　絞り穴、ニードル弁などで調節した一定量の油を滴下させ、回転部分のスリンガ作用によってハウジング内を油露で満たして潤滑を行うものです。

　周速4～5m /sec までの軽・中荷重用で行われます。（図5-8）

②浸し潤滑

　軸受部分を油中に浸す方法で、周囲を密閉する必要があり、給油量が多すぎると攪拌による摩擦熱で発熱しやすくなります。（図5-9）

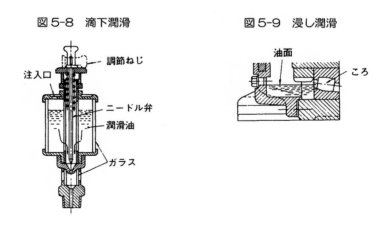

図5-8　滴下潤滑

調節ねじ
注入口
ニードル弁
潤滑油
ガラス

図5-9　浸し潤滑

油面
ころ

③灯心潤滑

　油つぼの油を、灯心の毛細管現象を利用して給油する方法です。周速4～5m /sec までの軽・中荷重用で行われます。（図5-10）

④パッド潤滑

　軸受の荷重のかからない側に油を浸したパッドを設け、毛細管現象によって油を給油する方法です。（図5-11）

⑤リング潤滑

　横軸にオイルリングをかけて、その回転により下側の油貯から適量の油を給油する方法です。オイルリング注油ともいいます。（図5-12）

⑥重力潤滑

　高所に設けた油槽からパイプによって下部に給油する方法です。強制給油と滴下給油の中間的な方法で、周速10〜15m/secまでの中・高速用で行われます。

⑦はねかけ潤滑

　エンジンのクランクや歯車の回転部分によって、はね上げられた油の飛沫により油面から離れたピストンやシリンダ、軸受やしゅう動部に給油する方法です。（図5-13）

図5-10　灯心潤滑

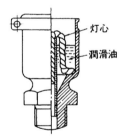

図5-11　パッド潤滑

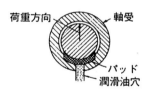

図5-12　リング潤滑

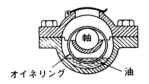

図5-13　はねかけ潤滑

⑧ねじ潤滑

　軸にねじみぞのように、ら線状の油みぞを切り、その両端に油だまりを設けて軸の回転につれて油を軸方向に供給する方法です。

⑨強制潤滑

　自動給油装置は潤滑系に油ポンプを設け、給油を強制的に行う方法です。車両・機関・工作機械の回転軸受部分のしゅう動面の潤滑で行われます。

⑩噴霧潤滑

　圧縮空気で油を霧状にし、摩擦面に吹付け給油する方法です。油とともに多量の空気を送り込むので冷却作用が大きく比較的少量の油で有効な潤滑ができます。（図5-14）

図5-14　噴霧潤滑法の原理

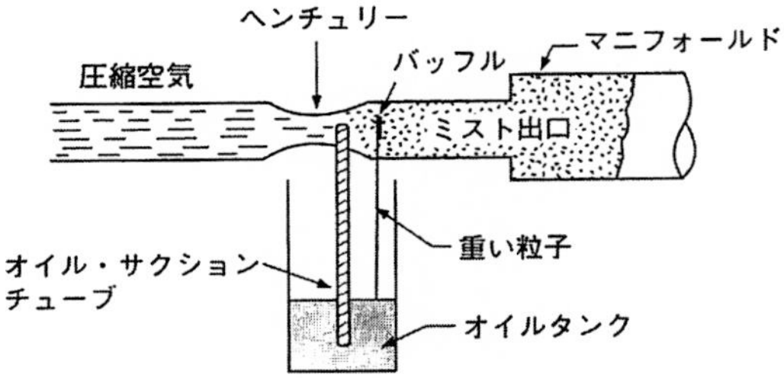

4）潤滑油の劣化

　潤滑油の劣化判定の目安は、

①粘度の増減

②水分の変化

③色相の変化

④酸価の増加

⑤油汚染

⑥不溶解分の増加

　などがあります。

　原因は、基油の劣化、外的因子による汚染などです。

6．鋳造

　金属を溶融させて型の中に流し込み、これを冷却凝固させて所用の形状の部品を製作する工作法です。

1）砂型鋳造法
　鋳型に砂を用いた鋳造法で様々な形の鋳物をつくれることから広範囲に利用されている方法です。

2）精密鋳造法
　精度が高く、鋳物表面がきれいな精密鋳造法を採用することで、仕上げ加工が省略又は削減できるメリットがあります。

① シェルモールド法
　砂に樹脂粉末を混合したレジンサンドを用いてシェル状の鋳型を製作し、これを使って鋳造する方法です。シェルモールド法のプロセスを図 5-15 に示します。

図5-15　シェルモールド法のプロセス

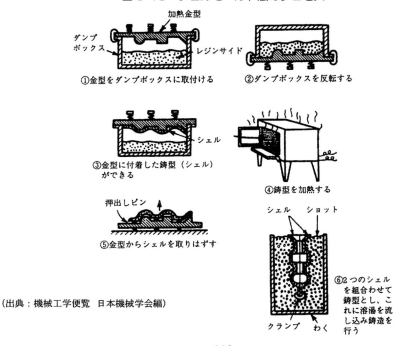

①金型をダンプボックスに取付ける

②ダンプボックスを反転する

③金型に付着した鋳型（シェル）ができる

④鋳型を加熱する

⑤金型からシェルを取りはずす

⑥2つのシェルを組合わせて鋳型とし、これに溶湯を流し込み鋳造を行う

（出典：機械工学便覧　日本機械学会編）

② ロストワックス法

　ロウでつくった模型の周りに耐火性の材料を詰めた後に加熱してロウを流しだすことで空洞のある鋳型をつくり、溶湯を流し込むことで部品を鋳造します。ロストワックス法のプロセスを図5-16に示します。

図5-16　ロストワックス法のプロセス

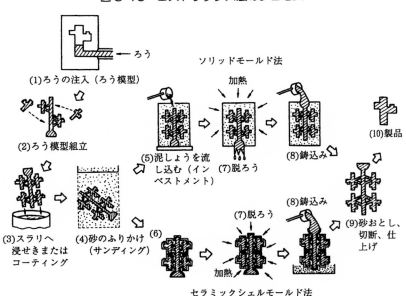

3）遠心鋳造法

　高速で回転する鋳型に溶湯を流し込み、遠心力によって外周に加圧することで、緻密な組織を有する鋳物を鋳造する方法です。大径パイプの製造の例があります。

4）ダイカスト

　アルミニウム合金や亜鉛合金などの材料を対象に、溶湯を高圧で金型内に注入する鋳造法です。

5）連続鋳造法

　溶湯を連続的に鋳型に注入し、凝固した部分を引き出して丸・角棒や管など
をつくる鋳造法です。

6）鍛造

　金属材料に対して工具を用いて叩いたり、押したり、伸ばしたりと力を加えるこ
とで形状の部品を成形する加工法です。

① 自由鍛造

　型を使わずに簡単な型の上に材料を置き、ハンマーなどで圧縮変形して成形
を行います。

② 型鍛造

　上型と下型の間に材料を入れ、大きな力を加えて圧縮成形することで所要形
状の鍛造品をつくります。

7．溶接

　金属同士を溶融又は半溶融状態にして接合する加工方法です。溶接方法を分類すると融接、圧接、ろう接の3つに大別されます。（**表 5-4**）

表 5-4　溶接法の分類

大分類	溶接の種類			
融　接	ガス溶接	酸素・アセチレン溶接		
	アーク溶接	非消耗電極式	TIG 溶接	
			プラズマ溶接	
		消耗電極式	被覆アーク溶接	
			サブマージアーク溶接	
			MIG 溶接	
			炭酸ガスアーク溶接	
	エレクトロスラグ溶接			
	テルミット溶接			
	電子ビーム溶接			
	レーザビーム溶接			
圧　接	抵抗溶接	重ね抵抗溶接	スポット溶接	
			プロジェクション溶接	
			シーム溶接	
		突き合わせ抵抗溶接	アプセット溶接	
			フラッシュ溶接	
	鍛接・冷間圧接・摩擦圧接			
ろう接	ろう付け・はんだ付け			

1）ガス溶接

　アセチレンや水素と酸素との混合ガスから得られる高温度の火災によって、金属の一部と溶接棒を溶かして接合させる溶接です。（**図 5-17**）

116

図5-17　ガス溶接

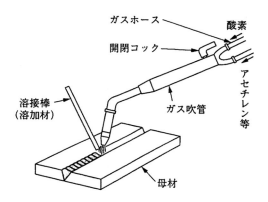

2）アーク溶接

　接合対象である金属と電極の間に通電することでアークを発生させ、この熱によって金属と溶接棒を溶融させて溶接するもので、電極が消耗する消耗電極式とアークを発生させるだけに使われる非消耗電極式があります。

　消耗電極式の代表として被覆アーク溶接があります。（図5-18）

図5-18　被覆アーク溶接

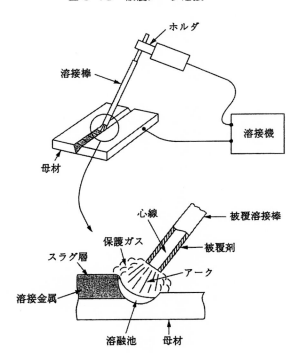

3）抵抗溶接

金属に電流を流したときに発生するジュール熱で接合部を加熱、溶融させると同時に加圧力を与えて接合する溶接です。

（1）重ね抵抗溶接（図5-19）
①スポット溶接

接合する2枚の板を重ねて固定電極の上に置いたのち、可動電極を下げて接触させて通電し、接合部が溶接温度になったときに加圧して溶接します。

②プロジェクション溶接

接合しようとする片方の板に突起をつけ、これに平らな板を重ねて通電し、接触部が抵抗熱で溶ける時点で加圧して溶接するものです。

③シーム溶接

　2枚のローラ電極の間に板を挿入し電極を回転させながら通電加熱、そして加圧することで連続的に溶接を行う方法です。

図5-19　重ね抵抗溶接

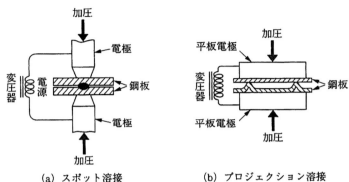

（a）スポット溶接　　　　　　（b）プロジェクション溶接

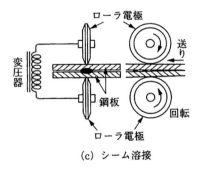

（c）シーム溶接

（2）突合せ抵抗溶接

　アプセット溶接は、接合する材料の端面同士を突合わせてから通電し、接合部が溶接温度になったときに加圧して溶接する方法です。

第6章

材料

1．機械材料の分類

　機械材料を分類すると**図 6-1** のようになります。

　材料は金属材料と非金属材料に分けられ、金属材料は鉄鋼材料と非鉄金属材料に分類できます。鉄鋼材料には鉄、鋼、鋳鉄などがあり、非鉄金属には銅、アルミニウム、ニッケル、チタンとそれらの合金などがあります。

図 6-1　主な機械材料の分類

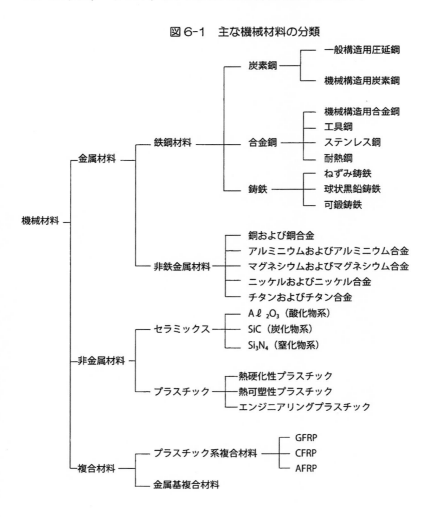

（1）鉄鋼材料
1）炭素鋼

　鋼は鉄と炭素との合金であり、炭素の含有量の多少により軟鋼、硬鋼に区別されます。この範囲は 0.12 〜 0.80％程度です。

　横軸に炭素量をとって示したのが図 6-2 です。硬さのほか降伏点、絞り、伸びも合わせて示します。

図 6-2　炭素鋼の機械的性質

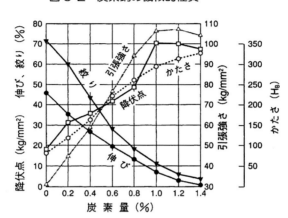

①機械構造用炭素鋼（SC 材）

　炭素含有量が比較的低いものが構造用として使われており、高いものは工具用として使用されます。

②一般的構造用圧延鋼材（SS 材）

　鋼材の中では安価で、JIS規格では引張強さによって4種類に分類されています。

2）合金鋼

　炭素鋼に1又は2種類以上の金属や非金属を合金させ、性質を改善したものです。

①ニッケル・クロム鋼（SNC）

　強靭で熱処理効果が大きく耐摩耗性、耐食性、耐熱性が炭素鋼に比べ優れています。

②クロムモリブデン鋼（SCM）

高温加工が容易で、耐摩耗性が大きく強靭であり、溶接性に優れています。耐熱性も高温における強度の低下は少ないという特徴があります。

③マンガン鋼（SMn）

焼戻しなどを起こしやすく、引張強さの高い割合に伸びは落ちないという特徴があります。

④ステンレス鋼（SUS）

クロム（Cr）を11％以上含有した鋼で、特徴は耐食性にあります。金属組織からオーステナイト系、フェライト系、マルテンサイト系に分けられます。オーステナイト系ステンレス鋼は、Cr‐Ni系の成分を有しており、表面の酸化皮膜が強固のために他のステンレス鋼より優れています。代表がSUS 304であり、18-8 ステンレスといわれるように18％Cr、8％Niの含有率になってます。

3）鋳鉄

炭素 1.7 ～ 6.67％を含む鉄と炭素の合金で鉄合金といわれますが、一般的に炭素 2.0 ～ 4.0％の範囲に限定されます。

① ねずみ鋳鉄

一般的に使用されている普通鋳鉄のことで、特性は圧縮強さが引張強さの4倍もあり、鋼に比べ、弾性係数は低く、熱伝導率は高い。

（2）非鉄金属材料

1）銅

性質として電気、熱の伝導率が高く反磁性です。鉄に比べ耐食性は空気中に湿気や炭酸ガスがあると表面に有害な緑青を生じます。

2）黄銅

銅をベースに亜鉛を加えた合金です。鋳造、圧延ともに容易で機械的性質に優れています。

3）青銅

銅とすずの合金です。耐摩耗性や機械的性質もよく、鋳造性、耐食性に優れています。

4）アルミニウム

　アルミニウムの性質は、比重が 2.7 でMgに次いで軽く、電気や熱の伝導率は銅に次いでよいです。表面に酸化被膜ができて腐食を防止しますが、海水では腐食しやすく、酸やアルカリなどに侵されます。**表 6-1** にアルミニウム、銅、鉄の物理的性質の比較を示します。

表 6-1　アルミニウム、銅、鉄の物理的性質の比較

	比重	比熱 (Kcal/kgf・℃)	線膨張係数 (1/℃)	熱伝導率 (Kcal/m・h・℃)	固有抵抗 (Ω・m)
アルミニウム (Aℓ)	2.71 (3)	0.219 (1)	23.5×10^{-6} (1)	205 (2)	2.67 (2)
銅 (Cu)	8.96 (1)	0.0923 (3)	17.0×10^{-6} (2)	341.6 (1)	1.694 (3)
鉄 (Fe)	7.87 (2)	0.109 (2)	12.1×10^{-6} (3)	67.3 (3)	10.1 (1)

5）アルミニウム合金

　アルミニウムに銅を加えたもので、航空機の機体や自動車の建材に用いられます。

（3）セラミックス

　天然又は人工的につくられた高純度の無機化合物の微粉末からできた新しい材料です。特徴は、絶縁性・圧電性・半導体などの電気的特性がありますが、耐熱性・高硬度・耐摩耗性など他の材料にない熱的・機械的特性を有しています。

　代表的なセラミックスの種類と用途を**表 6-2** に示します。

表6-2　代表的なセラミックスの種類と用途

材質	呼称	比重	弾性率 (GPa)	曲げ強度 (MPa)	硬さ (HV)	用途例
Al$_2$O$_3$	アルミナ	3.9	400	600	1700	IC基板、耐火容器、点火プラグ、電気絶縁材
ZrO$_2$	ジルコニア	6	220	1100	1300	機械部品、工具、刃物、断熱材、構造材
SiC	炭化けい素	3.2	420	560	2400	研摩材、研削砥石材、抵抗発熱体、耐火物
Si$_3$N$_4$	窒化けい素	3.3	300	800	1500	ガスタービンブレード、エンジン部品、ベアリング、高温機械部品
サイアロン	—	3.2	330	—	1700	ダイス、ロール、切削工具、エンジン部品

（4）炭素繊維

　近年脚光をあびている材料で航空機のB787に大幅に利用されています。軽くて強いのが大きな特徴で、鉄と比べ比重1/4、強度は10倍です。耐摩耗性、耐熱性、耐伸縮性、耐酸性、電気伝導性などに優れています。

（5）プラスチック

　高分子物質である樹脂を主成分として、成形することが可能な材料です。金属材料の代替え材料として多用されていますが、金属材料より熱に弱く、強度が低いなどの弱点もあります。

　熱硬化性プラスチックと熱可塑性プラスチックに分類できます。

　熱硬化性プラスチックの代表的な種類と用途を**表 6-3** に示します。

表6-3 代表的な熱硬化性プラスチックの種類と用途

種類	略号	特色	用途例
フェノール樹脂	PF	高強度、耐熱性、難燃性、電気絶縁性、耐油・耐薬品性	一般電気絶縁材料、ブレーキ部品、歯車、配線器具、熱器具のとって・つまみ、シェルモールド、接着剤
エポキシ樹脂	EP	硬化性、接着性、耐熱性	接着剤、塗料、注入絶縁材、封止材、構造用材、補強材と組合わせたFRP（強化プラスチック）
メラミン樹脂	MF	無色透明、変色しにくい、耐水性、耐熱性、高硬度、電気絶縁性	電気スイッチケース、車両用灰皿、化粧板、接着剤、食器
ジアリルフタレート樹脂	PDAP	耐熱性、耐候性、耐薬品性	化粧板、コネクタ等成形品、電気・機械部品
ユリア樹脂	UF	無色透明、着色自由、耐摩耗性、高硬度、電気絶縁性、耐アーク性	配線・照明器具、接着剤、塗料、食器、容器のキャップ、玩具、雑貨
不飽和ポリエステル樹脂	UP	耐熱性、高硬度、補強材への接着性、比較的安価	船・自動車の塗料、ボタン、注型、ガラス繊維などの補強材と組合わせたFRP（強化プラスチック）、化粧板
シリコン樹脂	SI	耐熱性、耐寒性、耐薬品性、耐水性	パッキング、コーディング、絶縁材料

（6）複合材料

2つ以上の材料を組合わせることで長所を生かし、短所を補うように構成してつくられた材料です。

① プラスチック系複合材料（FRP）

プラスチックを母材として、強化繊維を充てんしたものが強化繊維プラスチックです。

② 金属基複合材料（FRM）

アルミニウムやマグネシウムに強化繊維を充てんした複合材料です。繊維としてはアルミナや炭化けい素などのセラミック繊維が多く使われています。

2．鋼の熱処理

1）焼なまし

　適切な温度に加熱し、その温度を一定時間保持したあとに徐冷して軟化させることです。内部応力、残留応力の除去、組織の均一化、加工硬化した材料の軟化処理をするために行います。

2）焼ならし

　鋼をオーステナイト組織になるまで加熱し、この温度で空中放冷します。内部のひずみを除去して、金属材料の材質を標準の状態に戻し機械的性質の改善のために行います。

3）焼入れ

　鋼をオーステナイト組織にして、水や油で急冷しマルテンサイト組織にすることです。

4）焼戻し

　焼入れした鋼をそのまま使用しないで、もう一度加熱することです。硬さは若干低くなりますが粘り強くなります。

　図 6-3 に焼き戻した鋼の機械的性質を示します。

図 6-3　焼き戻した鋼の機械的性質

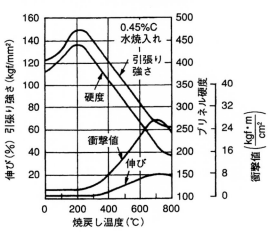

3．鋼の表面硬化

　鋼部品の表面のみを硬化する熱処理のことで、化学的表面硬化法と物理的表面硬化法があります。

1）化学的表面硬化法
①浸炭法
　低炭素鋼の表面に炭素を浸み込ませて表面の炭素濃度を高め、その後に焼入れを行い硬化させる方法。
②窒化法
　鋼の表面に窒素を浸み込ませて表面を硬化する方法。

2）物理的表面硬化法
①高周波焼入れ
　高周波電流により渦電流を生じさせ、熱で焼入れを行う方法。表面を加熱する場合は、品物の形に適したコイルをつくり、その中に加工物を置き高周波電流を流します。
　図6-4にコイルの形状を示します。

図6-4　コイルの形状

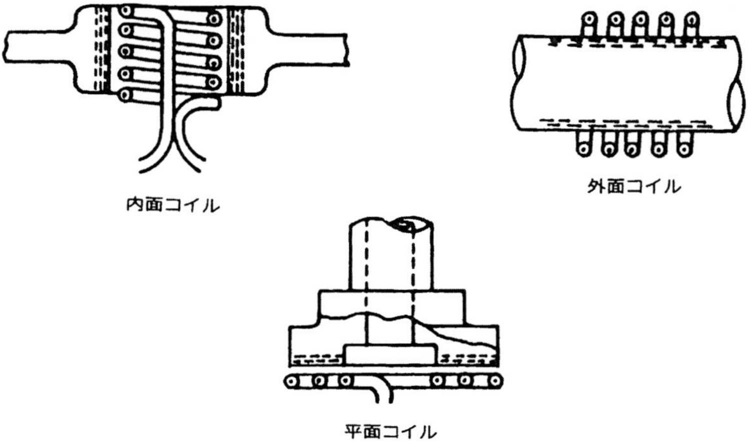

内面コイル

外面コイル

平面コイル

4. 材料試験

1）引張試験

　材料をある力で引っ張って、その材料の性質を調べる手がかりにしようというものです。所定の寸法形状の試験片を引張試験機にかけて、徐々に引っ張り、伸びや耐力などを測定します。

2）曲げ試験

　材料の塑性や加工性を調べる試験で、押曲げ法、巻付け法、Vブロック法などがJISで規定されています。（※第2章参照）

3）衝撃試験

　材料に色々な衝撃力を与え、材料の破壊に要したエネルギーを測定します。

4）硬さ試験

　材料の変形に対する抵抗を測定していますが、変形のさせ方、変形の程度や結果の表示方法により測定値が異なります。硬さ試験法にはJISだけでも4種類あり、押込み硬さにはブリネル硬さ、ビッカース硬さ、ロックウェル硬さなどがあり、反発硬さにはショア硬さがあります。（※第2章参照）

5）抗折試験

　材料に徐々に荷重を加え、静的に破断し、その最大荷重を測るもので試験片はJISに規定されています。

第7章

材料力学

1．荷重

物体に作用する外力を荷重といいます。荷重はその作用やかかり方によって分類することができます。（図7-1）

図7-1　荷重の分類

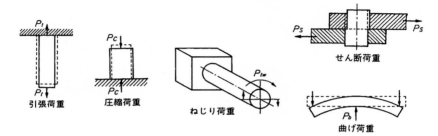

引張荷重　圧縮荷重　ねじり荷重　せん断荷重　曲げ荷重

① 引張荷重

軸方向に引き伸ばすようにはたらく

② 圧縮荷重

軸方向に押し縮めるようにはたらく

③ ねじり荷重

ねじるようにはたらく

④ せん断荷重

横からはさみ切るようにはたらく

⑤ 曲げ荷重

材料を曲げるようにはたらく

荷重はかかり方によって静荷重と動荷重に分類することができます。（表7-1）

表7-1　かかり方による分類

静　荷　重		一度かかった荷重が静止して変わらな場合
動荷重	くり返し荷重	一方向の荷重が連続的にくり返しかかる場合
	交番荷重	荷重が引張りになったり圧縮になったりするような場合
	衝撃荷重	瞬間的に急激にかかる荷重で、ハンマで叩くような場合

2. 応力とひずみ

1）応力

　荷重がかかると部品は変形し、部品内に抵抗力が発生しその荷重に抵抗する力のことをいいます。

　単位面積当たりの応力は次の式で求めることができます。

$$応力 = \frac{荷重〔kg〕}{断面積〔cm^2〕または〔mm^2〕}$$

2）ひずみ

　部品に荷重を加えて応力が発生すると、部品はわずかに変形し、変形した量の原形に対する割合をひずみといいます。

　長さLの棒が引張荷重を受けて長さがL′になったときのひずみEは次式で求めることができます。荷重によって生じた変形を伸びN（L′−L）とします。

$$ひずみ（E）= \frac{N}{L} \times 100$$

　単位は（%）で表します。

3. 弾性限界

外力がはたらくと固体は変形し、外力が除去されると元に戻るこの性質を弾性といい、また応力ーひずみの過程ということもできます。この過程で弾性的な性質が保たれる範囲を弾性域といい、限界を弾性限界といいます。

①応力ーひずみ線図

材料に外力を作用させたとき生じる応力とひずみの関係を図示したもの。（**図7-2**）

図 7-2　応力ーひずみ線図

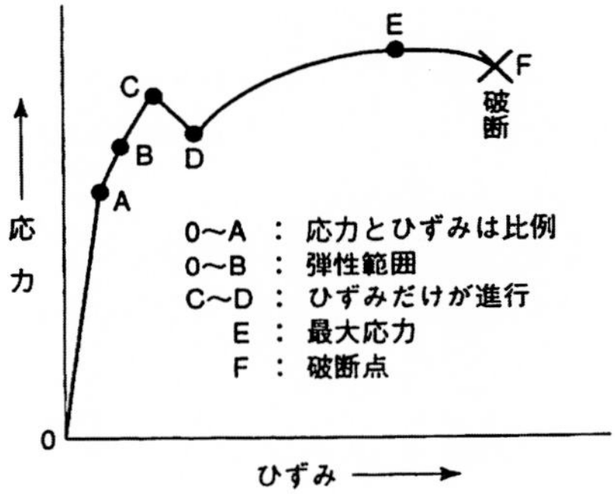
E
C
F
破断
B
D
A
応力
0〜A ： 応力とひずみは比例
0〜B ： 弾性範囲
C〜D ： ひずみだけが進行
E ： 最大応力
F ： 破断点
0
ひずみ

②せん断応力

ばねが縮むときに生じる応力のこと。

4．フックの法則

　弾性限界内の範囲で、ひずみは応力に比例することをフックの法則といいます。ひずみと応力の大きさの比例定数を弾性係数といい、次式で求めることができます。

$$弾性係数 \ = \frac{応力}{ひずみ} = \ 定数$$

単位は、kgf／cm^{2}又はkgf／mm^{2}で表します。

5．安全率

　極限強さ（引張強さ）と許容応力（材料の強さよりも格段に小さい応力）の比をいいます。
　安全率は常に1より大きく、次式で求めることができます。

$$安全率 \ = \frac{極限強さ（kgf／mm^2）}{許容応力（kgf／mm^2）}$$

表 7-2 に普通に用いられている安全率を示します。

表7-2　安全率

材料	安全率			
	静荷重	動荷重		衝撃荷重
		繰返荷重	交番荷重	
鋳　鉄	4	6	10	15
軟　鋼	3	5	8	12
鋳　鋼	3	5	8	15
木　材	7	10	15	20

6.　はり

　曲げ荷重による変形を受ける場合が多くあり、丸棒など長手方向（軸方向）に対して、横方向の荷重による曲げ作用を受ける部材です。

1）はりに作用するせん断力と曲げモーメント

　はりには外力として集中荷重、分布荷重、等分布荷重が作用します。又、あるときは曲げモーメントが直接加わることもあります。（**図** 7-3）

　はりの代表的な形態を**図** 7-4 に示します。

図 7-3　はりに作用する荷重

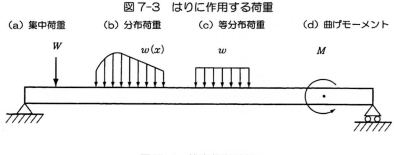

（a）集中荷重　　　（b）分布荷重　　　（c）等分布荷重　　　（d）曲げモーメント

図 7-4　代表的なはり

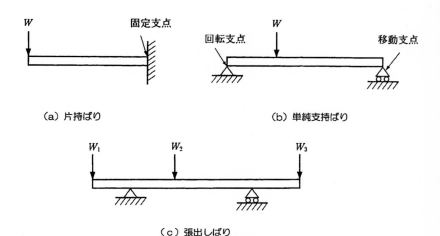

（a）片持ばり　　　　　　　　　　　　（b）単純支持ばり

（c）張出しばり

136

2）曲げ応力

　図 7-5 は、はりの変形前後の形状を示したものです。はりの下側BDは円弧B′D′となり伸び、上側ACは円弧A′C′となり縮みます。この中間にあるEFは伸びも縮みもしない面であり中立面と呼んでいます。この面とはりの横断面の交線*NN*を中立軸といいます。

　中立面を境にして伸びる側は引っ張られているので引張応力が、縮み側は圧縮されているので圧縮応力が作用していることになります。これらを合わせて曲げ応力といいます。

図 7-5　はりの曲げモーメントによる変形

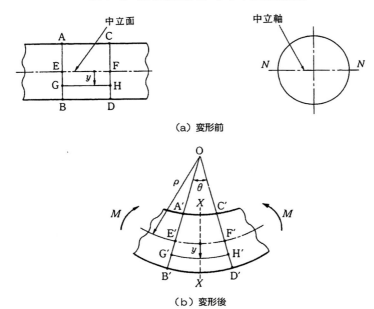

（a）変形前

（b）変形後

3）断面二次モーメントと断面係数

　代表的な断面形状における断面二次モーメントと断面係数を**表 7-3** に示します。

表 7-3　代表的な断面形状における断面二次モーメントと断面係数

番号	断　　面	断面二次モーメント $I_z(\text{mm}^4)$	断面係数 $Z(\text{mm}^3)$
1		$\dfrac{1}{12}bh^3$	$\dfrac{1}{6}bh^2$
2		$\dfrac{1}{12}b(h_2^3-h_1^3)$	$\dfrac{1}{6}\cdot\dfrac{b(h_2^3-h_1^3)}{h_2}$
3		$\dfrac{1}{12}h^4$	$\dfrac{\sqrt{2}}{12}h^3$
4		$\dfrac{1}{36}bh^3$	$e_1=\dfrac{2}{3}h,\quad e_2=\dfrac{1}{3}h$ $Z_1=\dfrac{1}{24}bh^2,\ Z_2=\dfrac{1}{12}bh^2$
5		$\dfrac{\pi}{64}d^4$	$\dfrac{\pi}{32}d^3$
6		$\dfrac{\pi}{64}(d_2^4-d_1^4)$	$\dfrac{\pi}{32}\cdot\dfrac{d_2^4-d_1^4}{d_2}\fallingdotseq 0.8d_m^2t$ （t/d_mが小さいとき）

$$\sigma_B=\frac{M}{Z}$$

σ_B：曲げ応力（kg／cm^2）、M：曲げモーメント（kg・cm）

Z：断面係数（cm^3）

で求められる。

第8章

電気

1. 電気の基礎

2. 電気機器

1．電気の基礎

1）交流と直流

　日常使用している電気には、交流と直流があり、身近な乾電池や蓄電池は直流である。

①交流（AC）

　発電所内にある発電機を水や蒸気の力で回転させて発生させている。発生する電気は三相交流と呼ばれ工場などに供給されている。家庭などへ供給される電気は単相交流と呼ばれている。

②直流（DC）

　パソコンや AV 機器などの電子機器を構成する電子部品のほとんどは直流で動作する。**図 8-1** に示すように、各電子機器にはコンセントに供給されている交流を直流に変換する機能が搭載されている。

図 8-1　交流から直流への変換

2）電流と電圧

①電圧

　高い電位と低い電位の電位の差をいいます。単位はボルト（V）が用いられます。電圧の単位の表し方と読み方を**表 8-1** に示します。

　また、電圧を測定する計器には、**図 8-2** のような電圧計があり、交流用と直流用があります。

表8-1　電圧の単位

単位記号	単位の読み方	
kV	キロボルト	$1kV = 10^3 V$
V	ボルト	
mV	ミリボルト	$1mV = 10^{-3} V$
μV	マイクロボルト	$1\mu V = 10^{-6} V$

図8-2　電圧計

V ←直流を示す記号　　　V ←交流を示す記号

②電流

　自由電子の移動を電流と呼び、電流の方向は電子の流れと反対方向です。電流の強さは単位時間に導体を移動する電気量で測られます。

　電流の単位の表し方と読み方を**表8-2**に示します。

表8-2　電流の単位

単位記号	単位の読み方	
A	アンペア	
mA	ミリアンペア	$1mA = 10^{-3} A$
μA	マイクロアンペア	$1\mu A = 10^{-6} A$

　1秒間に1〔C〕の電気量が移動するときの電流の強さを1アンペア〔A〕と定めています。

　導体の1点を t 秒間にQ〔C〕の電荷が通過するとき、その点における電流の大きさは I〔A〕は、

$$I = \frac{Q}{t} \ \ 〔A〕$$

で表されます。
　電流の大きさや強さを見るための計器は、**図 8-2** のような電流計があります。電流計には交流用と直流用があります。

図 8-2　電流計

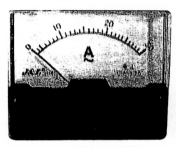
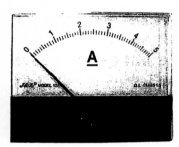

A ←交流を示す記号　　　　A ←直流を示す記号

3）電気抵抗
　物質に電圧を加えると自由電子は移動を起こすが、原子にぶつかるために移動が妨げられることを電気抵抗という。単位はオーム（Ω）で表します。
　抵抗の単位の表し方と読み方を**表 8-3** に示します。

表 8-3　抵抗の単位

単位記号	単位の読み方	
MΩ	メガオーム	$1\,M\Omega = 10^6\,\Omega$
kΩ	キロオーム	$1\,k\Omega = 10^3\,\Omega$
Ω	オーム	

4）電力と電力量
①電力
1秒間における電気の仕事量。単位はワット（W）で次式で表します。

電力〔W〕＝電圧〔V〕×電流〔A〕

②電力量
時間内になされた電気の仕事の総量。

電力をP〔W〕、時間をt〔S：秒〕とすると、電力量Wは次式で表します。

W＝P×t〔WS〕

5）オームの法則
導体に流れる電流の強さは電圧に比例し、抵抗に反比例することをいいます。

$$V = R \times I \qquad I = \frac{V}{R} \qquad R = \frac{V}{I}$$

V：電圧〔V〕　I：電流〔I〕　R：電気抵抗〔Ω〕

オームの法則の関係式を**図8-4**に示します。

図8-4　オームの法則

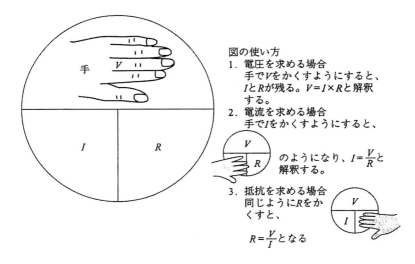

図の使い方
1. 電圧を求める場合
   手でVをかくすようにすると、IとRが残る。$V = I \times R$と解釈する。
2. 電流を求める場合
   手でIをかくすようにすると、のようになり、$I = \frac{V}{R}$と解釈する。
3. 抵抗を求める場合
   同じようにRをかくすと、$R = \frac{V}{I}$となる

6）周波数

　交流の1秒間に繰り返す周期の回数のことを周波数いいます。単位はヘルツ（Hz）で表し、関東地方では 50 Hz、関西地方では 60 Hzを採用しています。

　周波数 f〔Hz〕、周期 T〔S：秒〕とすると次式の関係になります。

$$T=\frac{1}{f} 〔S〕 または、f=\frac{1}{T}$$

7）交流電力

　交流電力P、電圧V、電流Iとすると次式になります。

　　$P=VI \cos \theta$

　上記の式で $\cos \theta$ を力率といい、θ を力率角といいます。θ は電圧Vと電流Iの位相差で、抵抗だけの回路では $\cos \theta =1$ となり電力はすべて利用されます。

8）三相交流

　巻線A、B、Cを互いに 120°ずつの角度をもって巻き、磁界中で回転させると三相交流が得られます。三相交流の結線法には、Y結線（**図 8-5（a）**）とΔ結線（**図 8-5（b）**）の2種類があります。

図8-5　三相交流の結線法

（a）Y結線　　　　　　　　　　　　（b）Δ結線

2．電気機器

1）交流電動機
誘導電動機、同期電動機、整流子電動機などがあります。

① 誘導電動機
　図8-6で磁石を回転させると、導体でできた円筒には電磁誘導によりうず電流が発生する。この電流と磁石の磁束とによる電磁力により、円筒は磁石と同じ方向に回転する。これが誘導電動機の原理である。

図8-6　誘導電動機の原理

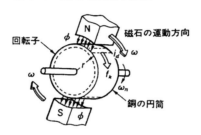

　また、三相誘導電動機には次の2種類がある。
・かご形誘導電動機：かご形回転子による電動機（図8-7）
・巻線形誘導電動機：絶縁されたコイルにより三相巻線を施した巻線形回転子
　　　　　　　　　　による電動機（図8-8）

図8-7　かご形回転子　　　　　図8-8　巻線形回転子

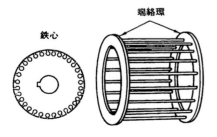
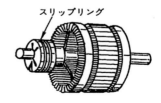

② 同期電動機

　構造は同期発電機とほとんど同じであっても外部からの電機子に三相交流電圧を供給すると、電機子に電流が流れ、回転磁束ができる。

2）直流電動機

　直流電動機の原理は、直流発電機の電機子に外部の直流電源から電圧を加え、**図8-9**のように電機子コイルに電流を流すと、フレミング左手の法則により誘導起電力が発生し、この起電力は端子電圧と逆方向となります。

図8-9　直流電動機の原理

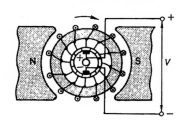

3）変圧器

　変圧器は共通の磁気回路である鉄心に、入力側の巻線（一次側）から受けた交流電力を、電磁誘導作用により変成（電圧、電流の大きさを変えること）して、出力側の巻線（二次側）に供給するものです。（**図8-10**）

図8-10

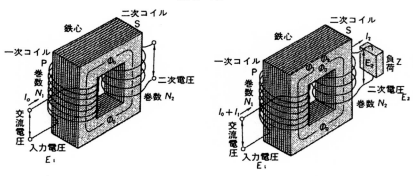

（a）変圧器の原理（無負荷）　　　　　（b）変圧器の原理（負荷）

4）開閉器（スイッチ）

① リミットスイッチ

レバー又はローラが押され、接点を開閉するもの。（図 8-11）

図 8-11　リミットスイッチ

② 圧力スイッチ

　水圧、油圧、空気圧などの増減により、アクチュエータを上下させて接点の開閉できる構造のもの。

③ フロートスイッチ

　液面の上下にともなう浮子の上下により、接点を開閉させるもの。

④ 遠心力スイッチ

　回転機の正常運転以外の高速、低速を感知して回転機を保護する。

5）ヒューズ

　可溶体の金属でできており、過負荷や短絡の際に溶解又は気化して回路を切断し、機器や電路を保護します。用途の上から高圧（電力）用と低圧（配線）用に分けられます。一般的に工作機械に非常に多く使用されている栓形ヒューズを図 8-12 に示します。

　また、各種のヒューズを図 8-13 に示します。

図8-12　栓形ヒューズの外観

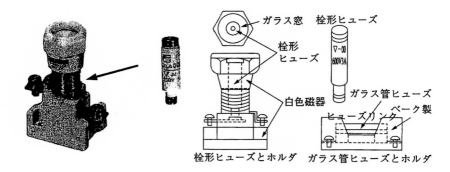

ガラス窓　栓形ヒューズ

栓形
ヒューズ

栓形
ヒューズ

白色磁器

ガラス管ヒューズ

ベーク製

ヒューズリンク

栓形ヒューズとホルダ　ガラス管ヒューズとホルダ

（a）組み合わせ外観　　　　　（b）栓形ヒューズ、Plug Fuse

図8-13　各種のヒューズ

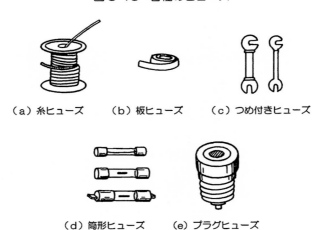

（a）糸ヒューズ　　（b）板ヒューズ　　（c）つめ付きヒューズ

（d）筒形ヒューズ　　（e）プラグヒューズ

第9章

製図

1. 図示法

1）投影法

　立体空間にある物体を4つに区切ると4つの角ができ、右上の角から順に左回りで第一角～第四角といいます。

　第三角に置かれた物体を投影する方法を第三角法といい、JISでは機械製図は第三角法によるものを原則とするが必要な場合は第一角法でもよいです。

　図9-1の①に第三角法、②に第一角法の投影法の記号を示します。

図9-1　投影法の記号

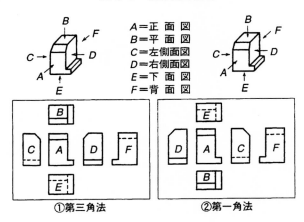

A＝正　面　図
B＝平　面　図
C＝左側面図
D＝右側面図
E＝下　面　図
F＝背　面　図

①第三角法　　②第一角法

2）線の名称と使用方法

　製図における線の用途は次のようです。図9-2に各線の使用例を示します。

外形線	———	太い実線。見える部分の形状を表す。
かくれ線	………	細い破線。又は太い破線。見えない部分を表す。
中心線	- - - - -	細い一点鎖線。又は細い実線。
寸法線	———	細い実線。寸法記入のために用いる。
引出し線	———	細い実線。指示するために用いる。
切断線	⌐_	細い一点鎖線とし、その両端および屈曲部などの要所は太い線。両端に投影方向の矢印。
破断線	———	細い実線。品物の破断部を表す。
想像線	- ·· - ·· -	細い二点鎖線。
ピッチ線	- · - · -	細い一点鎖線。歯車などのピッチ円を示す。

図9-2　各線の使用例

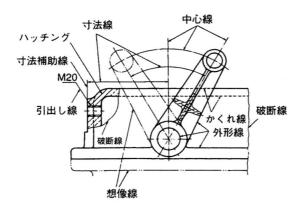

3）断面図の種類

　断面図は図形の内部を簡単かつ正確に示すものであり、断面は基本中心線で切断するのを原則とし、品物の形状により種々の切断方法があります。

　断面図の種類を**図9-3**に示します。

図9-3　断面図の種類

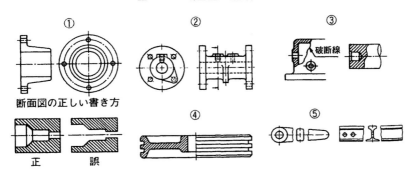

①全断面図

　基本中心線で全図切断して示した図で、切断線を記入しない。

②切断線

　基本中心線でないところで切断した場合は、切断線で切断の位置を示す。

③片側断面図

　上下・左右対称の品物では外形と断面とを組合わせて表すことができる。

④部分断面図

品物の一部だけを断面図で示したいときに、必要箇所を破断線を用いて内部を示すことができる。

⑤回転図示断面図

ハンドル・車などのアームやリム、フック、軸などの断面は切断箇所又は、切断線の延長上に90°回転させて表してよい。

4) 機械部品の製図

①ねじの図示法

ねじは原則として次のような略図で示す。**図 9-4** におねじの図示方法、**図 9-5** にめねじの図示方法を示します。

図 9-4 おねじの図示方法

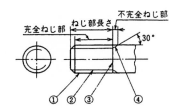

①おねじの山の頂を表す線：太い実線
②谷底を表す線：細い実線
③完全ねじ部と不完全ねじ部の境界を表す線：太い実線
④不完全ねじ部の谷底を表す線：細い実線

図 9-5 めねじの図示方法

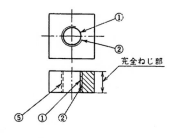
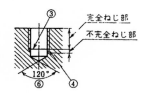

①めねじの山の頂を表す線：太い実線　　②谷底を表す線：細い実線
③完全ねじ部と不完全ねじ部の境界：太い実線　　④不完全ねじ部の谷底：細い実線
⑤かくれて見えないねじ山の頂や谷底：かくれ線（おねじの場合も同様に表す）
⑥断面図示した、ねじ下きり穴およびその行き止まり部：太い実線（120°にかく）

②歯車の表し方

　歯先円→太い実線、ピッチ円→細い一点鎖線、歯底円→細い実線、歯す
じ方向→3本の細い実線で示す。**図 9-6** に各種の歯車の略図を示します。

図9-6　各種の歯車の略図

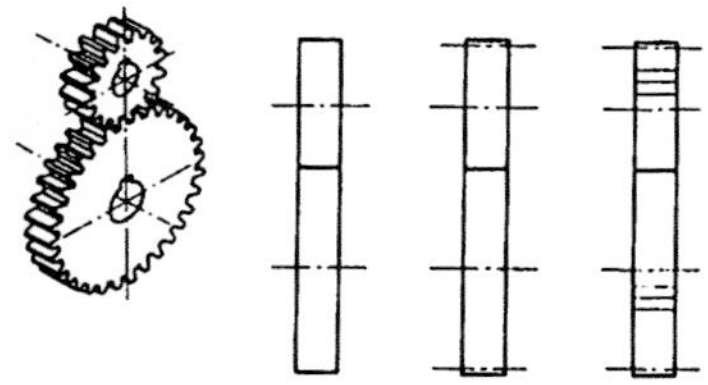

（a）平歯車 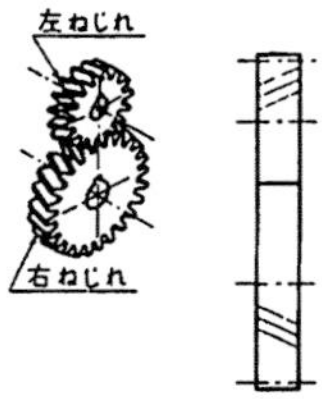　　　　　　　（b）はすば歯車 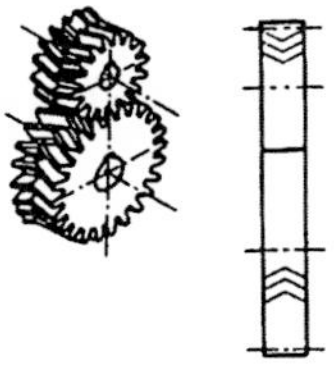　　　　　　（c）やまば歯車

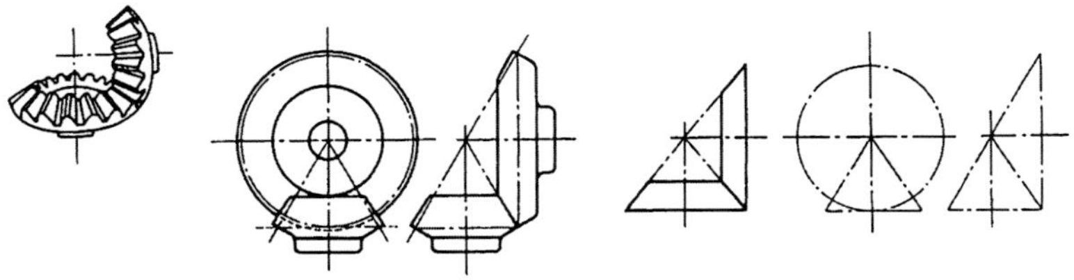

（d）かさ歯車

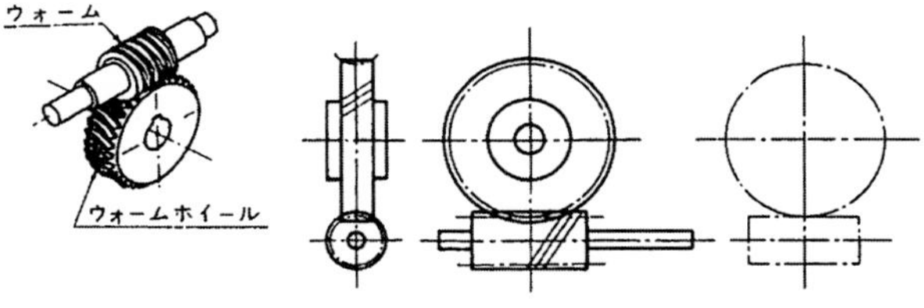

（e）ウォームギヤ

③ばねの図示法

　コイルばね、竹の子ばね、うず巻ばね、さらばねは、原則として無荷重時の
状態で図示する。必要により荷重時の状態で描き、寸法を記入する場合には、
その荷重を明記する。**図 9-7** にコイルばねの略図を示します。

153

図9-7　コイルばねの略図

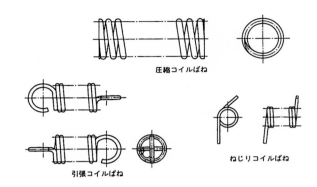

（a）コイルの中央部の略図例

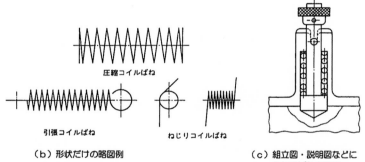

（b）形状だけの略図例

（c）組立図・説明図などに
入れるばねの図例

④転がり軸受の図示法

　転がり軸受は、専門業者の製品をそのまま使用する場合が多く、その形式、寸法などもJISやメーカによって標準化されているので、これらを使用する設計においては形式の理解ができる程度の図示を行い、呼び番号を表示すればよいことが多い。

2．寸法公差およびはめあい

1）寸法公差

　最大許容寸法と最小許容寸法との差で、上の寸法許容差と下の寸法許容差との差のことです。**図 9-8** に寸法公差に関する用語を示します。

図9-8　寸法公差に関する用語

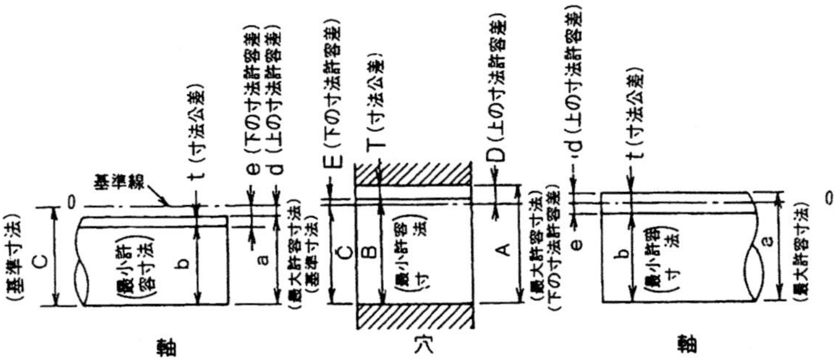

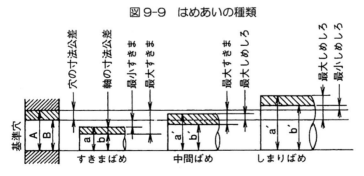

2）はめあい

　穴に軸をはめ込んだり、キーをキーみぞにはめ込んだりするときお互いにはまり合う関係のことです。**図 9-9** にはめあいの種類を示します。

図9-9　はめあいの種類

① すきまばめ

　常にすきまができるはめあい、穴の最小許容寸法より軸の最大許容寸法が小さい場合をいう。

② しまりばめ

　常にしめしろができるはめあい、穴の最大許容寸法より軸の最小許容寸法が大きい場合をいう。

③ 中間ばめ

　許容寸法内で仕上げられた穴と軸とをはめあわせるとき、実寸法によって、すきま、しめしろもできるはめあいをいう。

3）はめあい方式の種類

　はめあい部の寸法を決めるには、穴と軸の公差域クラスの適切な組合わせによります。はめあい方式には、穴を基準とする穴基準はめあい（**図9-10**）と軸を基準とする軸基準はめあい（**図9-11**）とがあります。

図9-10　穴基準はめあい

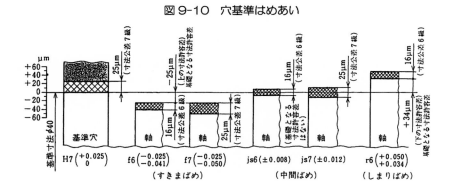

図9-11　軸基準はめあい

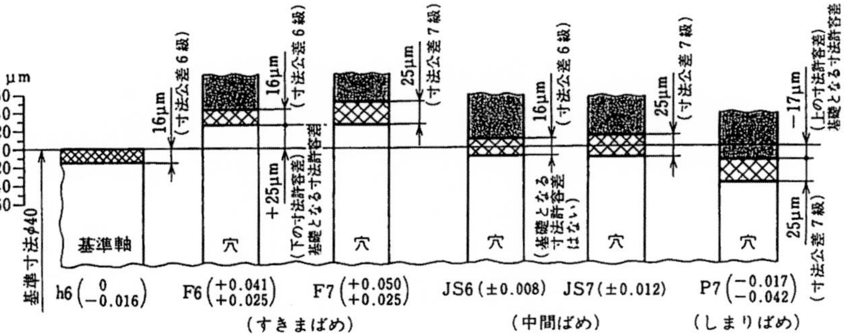

3．記号

1）溶接記号

　溶接の基本記号は、JIS Z 3021 に定められています。必要に応じて補助記号を用いることもあります。図 9-12 に溶接記号の種類と形状、図 9-13 に補助記号を示します。

図9-12　溶接記号の種類と形状

溶接の種類		形状		記号	備考
		片側	両側		
グループ溶接	両フランジ形			八	——
	片フランジ形			八	——
	Ｉ形			‖	アプセット溶接，フラッシュ溶接，摩擦溶接などを含む。
	Ｖ形・Ｘ形			∨	Ｘ形は基線に対称にこの記号を記載する。
	Ｕ形・Ｈ形			Ｙ	Ｈ形は基線に対称にこの記号を記載する。
	レ形・Ｋ形			∨	Ｋ形は基線に対称にこの記号を記載する。記号の縦の線は左側
	Ｊ形 両面Ｊ形			ｈ	両面Ｊ形は基線に対称にこの記号を記載する。記号の縦の線は左側
	フレアレ形 Ｘ形			∨	フレアＸ形は基線に対称にこの記号を記載する。
	フレアＶ形 Ｋ形			ｌｃ	フレアＫ形は基線に対称にこの記号を記載する。
すみ肉溶接	連続			◺	記号の縦の線は左側に描く。並列溶接の場合は基線に対称にこの記号を記載する。
	継続			◿	ただし、千鳥溶接の場合は右図に示す記号を用いることができる。
	プラグまたはスロット溶接			 ⊓	——
	ビードまたは肉盛り			 ⌒	肉盛りの場合はこの記号を二つ並べて記載する。
	スポット，プロジェクション，シーム			 ＊	重ね継手の抵抗溶接，アーク溶接等，シーム溶接の場合は記号を二つ並べて書く。

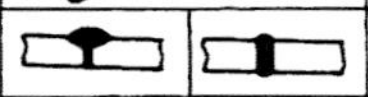

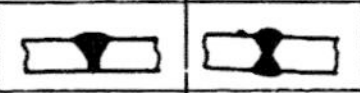

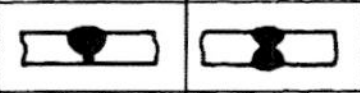

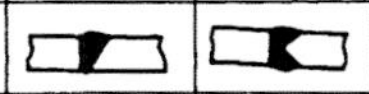

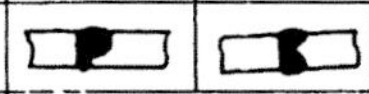

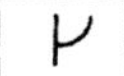

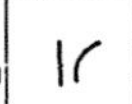

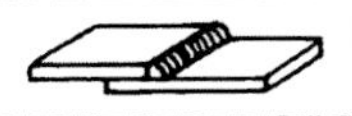

図9-13　補助記号

区　分		補助記号	備　考
溶接部の 表面状況	平　ら と　つ へこみ	— ⌒ ⌣	基線の外に向かってとつとする 基線の外に向かってへこみとする
溶接部の 仕上げ方法	チッピング グラインダー 研　削 切　削	C G P M	仕上げ方法を特に区分しないとき はFとする
現場溶接 全周溶接 全周現場溶接		▸ ○ ⚬	仕上げ方法を特に区分しないとき は、これを省略してもよい

2）材料記号

　工業用材料のJISに規定されているものは、取り扱いの便宜上、記号で表示できるようになっています。参考のため金属材料の例を下記に示します。

〔鉄鋼〕

　　<u>S</u>　　<u>S</u>　　<u>400</u>
　　①　　②　　③
① 鋼（Steel）
② 形状、用途、合金元素
③ 強さ・種別

〔アルミニウム展伸材〕

　　<u>A</u>　　<u>2</u>　　<u>0</u>　　<u>14</u>
　　①　②　③　④
① アルミニウム又はアルミニウム合金
② 合金系統（1：純Al、2：Al‐Cu系、3：Al‐Mn、4：Al‐Si
　　　　　　 5：Al‐Mg、6：Al‐Mg‐Si、7：Al‐Zn）
③ 制定順位
④ 純度

4．表面粗さ

1）表面粗さの表し方
　表面粗さについては、JIS B 0031（面の肌の図示方法）と、JIS B 0601（表面粗さの定義と表示）の規格があります。

2）指示方法
①指示記号
　対象面を指示するには、折れ線の指示記号を用い、対象面を表す線の外側に接して描く。
②表面粗さ
　粗さの数値その他の面に関する指示事項は、様式によって記入する。粗さの指示例を図 9-14 に示す。

図 9-14

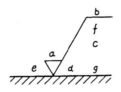

a：中心線平均粗さの値
b：加工方法
c：カットオフ値または基準長さ
d：筋目方向の記号
e：仕上げしろ
f：中心線平均粗さ以外の表面粗さの値
g：表面うねり

(a)

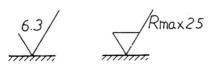

(b)

第 10 章

安全衛生

1．安全管理者と事業所

1）総括安全衛生管理者
2）安全作業に関する主な規則
3）労働環境
4）安全対策
5）安全対策作業

1.　安全管理者と事業所

　自動車整備業、機械修理業、通信業、電気業などの事業場で常時 50 人以上の労働者が使用する事業場では安全管理者を選任します。

1）総括安全衛生管理者

　第2条　法第 10 条第1項の規定による総括安全衛生管理者の選任は、総括安全衛生管理者を選任すべき事由が発生した日から十四日以内に行なわなければならない。

2　事業者は、総括安全衛生管理者を選任したときは、遅滞なく、様式第三号による報告書を、当該事業場の所在地を管轄する労働基準監督署長（以下「所轄労働基準監督署長」という。）に提出しなければならない。

（総括安全衛生管理者が統括管理する業務）

　第3条の2　法第 10 条第1項第5号の厚生労働省令で定める業務は、次のとおりとする。

1. 安全衛生に関する方針の表明に関すること。
2. 法第二十八条の二第一項の危険性又は有害性等の調査及びその結果に基づき講ずる措置に関すること。
3. 安全衛生に関する計画の作成、実施、評価及び改善に関すること。

2）安全作業に関する主な規則

・労働安全衛生規則第 540 条（通路）

　事業者は、作業場に通ずる場所及び作業場内には、労働者が使用するための安全な通路を設け、かつ、これを常時有効に保持しなければならない。

2　前項の通路で主要なものには、これを保持するため、通路であることを示す表示をしなければならない。

・労働安全衛生規則第 541 条（通路の照明）

　事業者は、通路には、正常の通行を妨げない程度に、採光又は照明の方法を講じなければならない。ただし、坑道、常時通行の用に供しない地下室等で通行する労働者に、適当な照明具を所持させるときは、この限りでない。

・**労働安全衛生規則第 542 条（屋内に設ける通路）**
　事業者は屋内に設ける通路について、次のように定めるところによらなければならない。
1.　用途に応じた幅を有すること。
2.　通路面は、つまづき、すべり、踏抜などの危険のない状態に保持すること。
3.　通路面から高さ 1.8 m 以内に障害物を置かないこと。

・**労働安全衛生規則第 543 条**
　「事業者は、機械間またはこれと他の設備との間に設ける通路については、幅 80 cm 以上のものとしなければならない。」と規定されています。

・**労働安全衛生規則第 559 条**
　事業者は、足場の材料については、著しい損傷、変形又は腐食のあるものを使用してはならない。
2　事業者は、足場に使用する木材については、強度上の著しい欠点となる割れ、虫食い、節、繊維の傾斜等がなく、かつ、木皮を取り除いたものでなければ、使用してはならない。

・**労働安全衛生規則第 563 条**
　「高さ2m 以上の作業場所には高さ 75cm 以上の手すりを設ける。」と規定されています。

3）労働環境
・**労働安全衛生法第1条**
　「職場における労働者の安全と健康を確保する」と定められています。

・**労働安全衛生法 61 条**
　事業主は、労働安全衛生法に基づき、以下の措置を講じることが必要です。
(1) 安全衛生管理体制を確立するため、事業場の規模等に応じ、安全管理者、衛生管理者及び産業医等の選任や安全衛生委員会等の設置が必要です。
(2) 事業主や発注者等は、労働者の危険または健康障害を防止するための措置を講じる必要があります。

(3) 機械、危険物や有害物等の製造や取扱いに当たっては、危険防止のための基準を守る必要があります。

(4) 労働者の就業に当たっては、安全衛生教育の実施や必要な資格の取得が必要です。

(5) 事業主は、作業環境測定、健康診断等を行い、労働者の健康の保持増進を行う必要があります。

(6) 事業主は、快適な職場環境の形成に努めなければなりません。

4）安全対策
①高所作業
・労働安全衛生規則第 518 条（作業床の設置等）

　事業者は、高さが2m以上の箇所（作業床の端、開口部等を除く。）で作業を行なう場合において墜落により労働者に危険を及ぼすおそれのあるときは、足場を組み立てる等の方法により作業床を設けなければならない。

2　事業者は、前項の規定により作業床を設けることが困難なときは、防網を張り、労働者に安全帯を使用させる等墜落による労働者の危険を防止するための措置を講じなければならない。

・労働安全衛生規則第 519 条（開口部等の囲い等）

　事業者は、高さが2m以上の作業床の端、開口部等で墜落により労働者に危険を及ぼすおそれのある箇所には、囲い、手すり、覆（おお）い等（以下この条において「囲い等」という。）を設けなければならない。

2　事業者は、前項の規定により、囲い等を設けることが著しく困難なとき又は作業の必要上臨時に囲い等を取りはずすときは、防網を張り、労働者に安全帯を使用させる等墜落による労働者の危険を防止するための措置を講じなければならない。

・労働安全衛生規則第 520 条（安全帯の使用）

　労働者は、第五百十八条第二項及び前条第二項の場合において、安全帯等の使用を命じられたときは、これを使用しなければならない。

・労働安全衛生規則第 521 条（安全帯等の取付設備等）
　事業者は、高さが 2m 以上の箇所で作業を行なう場合において、労働者に安全帯等を使用させるときは、安全帯等を安全に取り付けるための設備等を設けなければならない。
2　事業者は、労働者に安全帯等を使用させるときは、安全帯等及びその取付け設備等の異常の有無について、随時点検しなければならない。

②立ち入り禁止
・労働安全衛生規則第 585 条（立入禁止等）
　事業者は、次の場所には、関係者以外の者が立ち入ることを禁止し、かつ、その旨を見やすい箇所に表示しなければならない。
1.　多量の高熱物体を取り扱う場所又は著しく暑熱な場所
2.　多量の低温物体を取り扱う場所又は著しく寒冷な場所
3.　有害な光線又は超音波にさらされる場所
4.　炭酸ガス濃度が 1.5％を超える場所、酸素濃度が 18％に満たない
　　場所又は硫化水素濃度が百万分の十を超える場所
5.　ガス、蒸気又は粉じんを発散する有害な場所
6.　有害物を取り扱う場所
7.　病原体による汚染のおそれの著しい場所

2　労働者は、前項の規定により立入りを禁止された場所には、みだりに立ち入つてはならない。

5）安全対策作業
①ボール盤作業
　・歯車・回転部、ベルトなどに防護装置を取り付けること。
　・保護眼鏡を使用すること。
　・ベルトに損傷はないか、継ぎ目部分に危険はないか。
　・ボール盤などでの手袋の使用禁止（労働安全衛生規則第 111 条）
②グラインダー作業
　・研削砥石には 180°以上覆う丈夫なカバーを取り付けること。
　・研削砥石の最高使用周速度を超えて使用してはいけない。

・卓上用研削盤あるいは床上用研削盤において、研削砥石の周囲とのすきまを3mm以下に調節できるワークレストを備えること。砥石外周とワークレストとのすき間は、3mmより小さくしなければならない。（図 10-1）

図 10-1　卓上用・床上用研削盤におけるワークレストのすきま

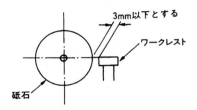

③玉掛け作業
玉掛けの方法
・ワイヤーロープはフックの中心に掛ける。（図 10-2）

図 10-2　ワイヤーロープのかけ方

定格の100％　　定格の88％　　定格の79％　　定格の71％　　定格の41％

・吊り角度は 60°以内とする。（図 10-3）
・1本吊りは絶対にしない。
・作業時はかならず手袋をはめ、吊荷の上に絶対に乗ってはならない。

図 10-3　吊り角度

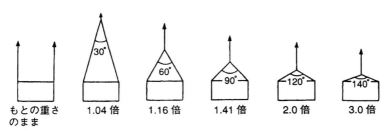

| もとの重さ のまま | 1.04 倍 | 1.16 倍 | 1.41 倍 | 2.0 倍 | 3.0 倍 |

ワイヤーロープの使用禁止

・素線の数の 10% 以上の素線が切断したもの。
・直径の減少が公称径の7%をこえるもの。
・著しい形くずれまたは著しい腐食があるもの。
・キンクしたもの（ロープの局部に起こったねじれ状の損傷）。（**図 10-4**）

図 10-4　キンクおよび心綱の局部的なはみ出し

模擬試験

試験時間　　1 時間 40 分

真偽法　　　　　25 問
択一法　　　　　25 問

模擬試験

【A群（真偽法）】

1　日本工業規格（JIS）によれば、合成誤差とは、種々の要因によって生ずる誤差のすべてを含めた総合的な誤差のことである。

2　DA変換とは、デジタル信号をアナログ信号に変換することである。

3　三針法は、めねじの有効径を測定する方法である。

4　限界ゲージの寸法公差とは、通り側及び止り側の各々について、許容される最大許容寸法と最小許容寸法との差のことである。

5　日本工業規格（JIS）によれば、精密定盤の使用面の平面度測定のための測定線の決め方には、対角線法と井げた法がある。

6　歯車のピッチ誤差は、歯厚マイクロメータで測定できる。

7　工作機械の騒音レベルの単位はデシベル（dB）である。

8　投影検査器において、倍率10倍のときのスクリーン面の明るさは、倍率50倍のときの明るさの5倍になる。

9　50.05 mmのゲージをマイクロメータで測定したときの読みが50.03 mmであった場合、このマイクロメータで他の部品を測定した読みが50.04 mmであれば、この部品の実寸法は50.02 mmである。

10　オートコメリメータは、工作機械のベッド、定盤等の真直度や平面度の測定に使用される。

11　回転軸の振れは、軸をきわめて低速度で回転させ、数回転中の軸表面の半径方向の動きの最大値で表す。

12　日本工業規格（JIS）では鋼管の超音波探傷感度の確認は、検査作業終了時及び定期的に行うこととされている。

13 軸はめあい部分を 0.05 mm加工し過ぎた場合、硬質クロムメッキにてその部分をめっきし、再研削してはめあいを直し、軸を採用することもある。

14 日本工業規格（JIS）によれば、手作業で仕上げるときに使用する組やすりの目の種類として中目、細目及び油目の3種類が規定されている。

15 ワイヤ放電加工機とは、黄銅、銅、タングステン、モリブデンなどの細いワイヤを巻き取りながら、これを電極として数値制御により送りをかけ、輪郭をくり抜いて加工する機械のことである。

16 p管理図とは、工程を不良個数によって管理するための管理図のことである。

17 グリース潤滑は、高速回転のものによく使われる。

18 アルミニウムと銅を比較すると、アルミニウムのほうが熱伝導率が高い。

19 三相誘導電動機においては、周波数が変化しても回転数は変化しない。

20 抵抗 20 Ωの電線に 200 Vの電圧を加えると、5Aの電流が流れる。

21 ウォームギアにおいて、ウォームの進み角が小さいほど、動力伝達効率は良くなる。

22 スピンドル油は、タービン油と比べて低粘度の潤滑油である。

23 ダイカストの抜けこう配の角度は、一般的に亜鉛合金よりアルミニウム合金のほうが大きい。

24 日本工業規格（JIS）によれば、金属材料の曲げ試験片には、平板形状の試験片は規定されているが、棒形状の試験片は規定されていない。

25 三相誘導電動機は、同期回転数に対して、すべりだけ回転数は遅くなる。

【B群（択一法）】

1 日本工業規格（JIS）における、ラジアルボール盤の静的精度検査にダイヤルゲージ及びテストバーを使用する検査項目として、正しいものはどれか。

    イ　ベース上面の平面度
    ロ　主軸テーパ穴の振れ
    ハ　アームの旋回運動とベース上面の平行度
    ニ　主軸中心線とベース上面の直角度

2 めねじ有効径の通り側を検査する場合に用いられる、ねじ用限界ゲージのゲージ記号のうち、正しいものはどれか。

    イ　GR
    ロ　NR
    ハ　GP
    ニ　NP

3 次の記述の（　　　）内に当てはまる数値として、適切なものはどれか。
50 mmのブロックゲージを測定すると 50.02 mmと読みがでるマイクロメータで、丸棒を測定して 50.98 と測定された場合、この丸棒の実寸法は（　　　）mmである。

    イ　50.94
    ロ　50.96
    ハ　50.98
    ニ　60.00

4 日本工業規格（JIS）に規定されているマイクロメータの性能検査項目として、誤っているものはどれか。

    イ　測定面の平面度
    ロ　測定面の平行度
    ハ　器差
    ニ　零点のずれ

5 日本工業規格（JIS）に規定される間接測定の定義として、正しいものはどれか。

 イ 測定量と一定の関係にある幾つかの量について測定を行って、それから測定値を導き出すこと
 ロ 測定量を直接求める測定
 ハ 同種類の量と比較して測定を行う方法
 ニ 測定中一定な値を持つとみなすことができる量の測定

6 日本工業規格（JIS）によれば、各種マイクロメータの性能に関する記述として、正しいものはどれか。

 イ 外側マイクロメータの器差は、測定範囲0〜25 mmのものが 50 〜 75 mm のものよりも小さい。
 ロ 測定範囲0〜25 mmの外側マイクロメータと歯厚マイクロメータの器差は同じである。
 ハ 測定範囲 50 〜 75 mmの外側マイクロメータと内側マイクロメータの器差は同じである。
 ニ 指示マイクロメータの器差は、測定範囲0〜25 mmのものと 50 〜 75 mm のものは同じである。

7 日本工業規格（JIS）によれば、テストバーの真円度測定方法の記述として、正しいものはどれか。

 イ 軸直角断面で1方向以上、軸に沿って5箇所以上の外径測定から求める。
 ロ 軸直角断面で1方向以上、軸に沿って3箇所以上の外径測定から求める。
 ハ 軸直角断面で2方向以上、軸に沿って5箇所以上の外径測定から求める。
 ニ 軸直角断面で2方向以上、軸に沿って3箇所以上の外径測定から求める。

8 精密測定の誤差に関する記述のうち、誤っているものはどれか。

 イ アッベの原理によれば、外側マイクロメータは誤差が大きい。
 ロ 細長いものを測定する場合、中立軸の長さの短縮量が最小となるように
  支える。この支持点をベッセル点という。
 ハ ブロックゲージなどの端度器の支持には、その両端面が平行となるよう
  に支点間距離を調節して支える。この支持点をエアリー点という。
 ニ ノギスと外側マイクロメータは、アッベの原理において比較され、違いを
  示す代表的な測定器である。

9 日本工業規格（JIS）によれば、I 型直角定規及び平形直角定規の「側面
 の倒れの許容値」として、正しいものはどれか。

 イ 使用面の直角からの狂い許容値は規定されていない。
 ロ 使用面の直角からの狂い許容値の2倍以下とする。
 ハ 使用面の直角からの狂い許容値の 10 倍以下とする。
 ニ 使用面の直角からの狂い許容値の 50 倍以下とする。

10 日本工業規格（JIS）によれば、3針法にてねじピッチ 1.0 mm の有効径を
 測定する場合の針を押さえる測定力として、正しいものはどれか。

 イ 規定されていない。
 ロ ピッチにより規定されている。
 ハ 1.5 N以下で軽めに押さえて測定する。
 ニ 12 N以上で強めに押さえて測定する。

11 日本工業規格（JIS）によれば、外側マイクロメータの測定力に関する記
 述として、誤っているものはどれか。

 イ 測定力の大きさは、ある程度の範囲で定めている。
 ロ 一定の測定力によるフレームのたわみ量は、マイクロメータの大きさに
  より決められている。
 ハ 一定の測定力でのフレームのたわみは、50 mm のマイクロメータに対
  し 300 mm のマイクロメータでは2倍以下である。
 ニ 測定力のばらつきは、大きさに関わらず一定と規定されている。

12 日本工業規格（JIS）における鋼鉄材料の磁粉探傷試験方法において規定されている内容のうち、誤っているものはどれか。

  イ　非蛍光磁粉を用いた場合の観察面の明るさは 500 ルクス以上とする。
  ロ　蛍光磁粉を用いた場合の観察面の明るさは 20 ルクス以下とする。
  ハ　使用する電流計、タイマ及び紫外線照射装置の点検は、少なくとも2年に1回行う。
  ニ　紫外線強度は、紫外線照射装置のフィルタ面から 38 cmの位置で測定する。

13 日本工業規格（JIS）によれば、てこ式ダイヤルゲージに関する記述のうち、誤っているものはどれか。

  イ　目量 0.01 mm及び 0.002 mmのものが規定されている。
  ロ　測定子の運動方向と指針の回転方向についての関係を、3種類挙げている。
  ハ　目量 0.01 mmを持つてこ式ダイヤルゲージの測定範囲は 0.4 mmである。
  ニ　測定に差し支えない摩擦力とは、ステム部を保持し、測定子の先端を静かに当て、測定子が動き始めるときの摩擦力である。

14 外側マイクロメータの性能検査に関する記述のうち、誤っているものはどれか。

  イ　測定面の平行度の測定は、オプチカルパラレルを用いる。
  ロ　器差の測定には、ブロックゲージを用いる。
  ハ　スピンドルの送り誤差の測定には、オプチカルフラットを用いる。
  ニ　測定力の測定は、はかり又は力計、鋼球等を用いる。

15 Vブロックの精度測定に関する次の記述の（　　）内に当てはまる数値として、正しいものはどれか。

  日本工業規格（JIS）によれば、呼び 100 未満のVブロックの精度測定は、各面の周辺（　　）mmを除いた範囲について行う。

  イ　　1
  ロ　　5
  ハ　　15
  ニ　　20

16 特定の結果と原因系の関係を系統的に表した図は次のうちどれか。

    イ   特性要因図
    ロ   パレート図
    ハ   ヒストグラム
    ニ   工程能力図

17 品質管理に関する次の記述の（　　　）内に当てはまる語句として、正しいものはどれか。

所定の抜取検査方式において、ロット又は工程の品質水準がその抜取検査方式では不合格と指定された値のときに、合格となる確率を（　　　）と呼ぶ。

    イ   生産者危険率
    ロ   販売者危険率
    ハ   抜取危険率
    ニ   消費者危険率

18 鉄鋼材料の熱処理に関する記述のうち、正しいものはどれか。

    イ   成分中のカーボン（C）の値の高いものは、一般に、焼入れして硬くすることができる。
    ロ   焼戻し温度は、高いほど硬い製品になる。
    ハ   鋼とは、焼入れによってじん性を高めたものである。
    ニ   0.5%のカーボン（C）を含む鉄鋼材料を焼入れ焼戻ししても、鋼にはならない。

19 研削といしに関する記述のうち、誤っているものはどれか。

    イ   炭化けい素系と粒は、非鉄金属の研削に適している。
    ロ   粒度は、その数値が大きいほど粗い。
    ハ   結合度の大きいといしほど、強度が高い。
    ニ   最高使用周速度とは、安全に使用できる最高限度の周速度のことである。

20 表面処理に関する記述のうち、誤っているものはどれか。

イ　表面化成処理の方法には、パーカライジング法がある。
ロ　表面の清浄方法には、酸洗いと脱脂法がある。
ハ　表面の被覆方法には、金属溶射法がある。
ニ　電着塗装の方法には、粉体塗料を用いた塗装法がある。

21 パレート図の説明文中の（　　　）内に当てはまる語句として、適切なものはどれか。

日本工業規格（JIS）によれば、「項目別に層別して、出現頻度の大きさの順に並べるとともに、累積和を示した図。例えば不適合品を不適合の内容の別に分類し、（　　　）の順に並べてパレート図を作ると不適合の重点順位が分かる。」と規定されている。

イ　不適合数
ロ　平均値
ハ　誤差
ニ　公差

22 次のうち、電気めっきに当てはまらないものはどれか。

イ　電気亜鉛めっき
ロ　溶融亜鉛めっき
ハ　工業用クロムめっき
ニ　装飾用銀めっき

23 焼入れ、焼戻しのような熱処理ができないオーステナイト系ステンレス鋼は、次のうちどれか。

イ　SUS 420 J 2
ロ　SUS 410
ハ　SUS 304
ニ　SUS 440 C

24 労働安全衛生関係法令によれば、安全委員会の権限は、ある項目を調査審議し事業者に意見を述べることとある。その項目として、記載されていないものはどれか。

　　イ　労働者の危険を防止するための基本となるべき対策に関すること
　　ロ　労働災害の原因及び再発防止対策で安全に係るものに関すること
　　ハ　労働者の危険防止に関する重要事項
　　ニ　衛生教育の実施計画の作成に関すること

25　安全に関する記述のうち、正しいものはどれか。

　　イ　玉掛け作業を行うには、法律で定められた資格は不要である。
　　ロ　ハンドグラインダ作業を行うには、特別講習の修了証が必要である。
　　ハ　天井走行クレーンの運転資格は、吊上げ荷重に関係なく同じである。
　　ニ　事業用電気工作物を設置する事業所において、電気設備の取扱いは、必ずしも有資格者が行わなくてもよい。

模擬試験　【解答】

【A群　真偽法】

問題	解答
1	×
2	○
3	×
4	○
5	○
6	×
7	○
8	×
9	×
10	○
11	○
12	○
13	○
14	○
15	○
16	×
17	×
18	×
19	×
20	×
21	×
22	○
23	○
24	×
25	○

【B群　択一法】

問題	解答
1	ロ
2	ハ
3	ロ
4	ニ
5	イ
6	ニ
7	ニ
8	イ
9	ハ
10	ロ
11	ハ
12	ハ
13	ハ
14	ハ
15	イ
16	イ
17	ニ
18	イ
19	ロ
20	ニ
21	イ
22	ロ
23	ハ
24	ニ
25	ロ

付　録
【計測用語】

　試験等によく出題される計測用語を抜粋して掲載します。基礎的な用語もありますので学習しておきましょう。
　出題頻度の多い用語には★を記載してます。

a) 一般

計測

　特定の目的をもって、事物を量的にとらえるための方法・手段を考究し、実施し、その結果を用い所期の目的を達成させること。

計量

　　公的に取り決めた測定標準を基礎とする計測。

工業計測

　工業の生産過程において、又は生産に関係して行う計測。

計測化

　調査又は管理しようとする対象を分析し計測ができるようにすること。

計測管理

　計測活動の体系を管理すること。

計装

　測定装置、制御装置などを装備すること。

観測

　ある事象を調べるために観察し、事実を認める行為。

同定（どうてい）

　事物 A と事物 B とが同一であることを確認すること。

b) 測定

1) 測定の基本

測定

　ある量を、基準として用いる量と比較し数値又は符号を用いて表すこと。

測定の尺度

　量を数値で表すために定めた、量と数値との間の 1 対 1 の対応の規則。

量

　現象、物体又は物質のもつ属性で、定性的に区別でき、かつ、定量的に決定できるもの。

物理量

　物理学における一定の理論体系の下で次元が確定し、定められた単位の倍数として表すことができる量。

基本量

　ある量体系の中で、取決めによって互いに機能的に独立であると認められている諸量のうちの一つ。

組立量

　ある量体系の中で、その体系の基本量の関数として定義される量。

工業量

　複数の物理的性質に関係する量で、測定方法によって定義される工業的に有用な量。硬さ、表面粗さなど。

心理物理量

　特定の条件の下で、感覚と 1 対 1 に対応して心理的に意味があり、かつ、物理的に定義・測定できる量。色の三刺激値、音の大きさなど。

量の次元

　ある量体系に含まれるある一つの量を、その体系の基本量を表す因数のべき乗の積として示す表現。

無次元量

　次元の表現で、すべての基本量の次元の指数が零となる量。

標準器

　ある単位で表された量の大きさを具体的に表すもので、測定の基準として用いるもの。（測定）標準のうち、計器及び実量器を指す。

温度定点（おんどていてん）

　温度目盛の基準として用いられる温度。

2) 測定の対象

測定対象

　測定される物又は現象。

測定変量

　測定対象を特徴づける、幾つかの種類の測定量。

測定点

　測定対象が空間的又は時間的に広がりをもっている場合に、実際に測定を行う位置又は時刻。

3) 測定の条件

試験環境

　試験中にその対象が置かれる環境。

ならし環境

　試験前にその対象を保っておく試験環境に等しい環境。

標準環境

　異なる環境の下での試験結果を、同一の環境の下での結果として比較できるようにするために取り決めた、基準として用いる環境。

4) 測定の種類

直接測定

　測定量と関数関係にある他の量の測定にはよらず、測定量の値を直接求める測定。

★間接測定

　測定量と一定の関係にある幾つかの量について測定を行って、それから測定値を導き出すこと。

基本測定法

　ある量を、それに関連するすべての基本量の測定によって決定する測定方法。

定義測定法

　ある量をその量の単位の定義に従って、測定する測定方法。

比較測定

　同種類の量と比較して行う測定。

静的測定

　測定中一定な値をもつとみなすことができる量の測定。

動的測定

変動する量の瞬時値の測定及び場合によってはその時間的変動の測定。

5) 測定系の構成

零位法（れいいほう）

測定量と独立に、大きさを調整できる同種類の既知量を別に用意し、既知量を測定量に平衡させて、そのときの既知量の大きさから測定量を知る方法。ただし、互いに平衡させる量は、測定量、既知量からそれぞれ導かれた量である場合もある。

偏位法

測定量を原因とし、その直接の結果として生じる指示から測定量を知る方法。

置換法（ちかんほう）

測定量と既知量とを置き換えて 2 回の測定結果から測定量を知る方法。

合致法（がっちほう）

目盛線などの合致を観測して、測定量と基準として用いる量との間に一定の関係が成り立ったことを知り、測定する方法。

補償法

測定量からそれにほぼ等しい既知量を引き去りその差を測って測定量を知る方法。

差動法

同種類の 2 量の作用の差を利用して測定する方法。

6) 誤差及び精度

誤差

測定値から真の値を引いた値。

かたより

測定値の母平均から真の値を引いた値。

ばらつき

測定値の大きさがそろっていないこと。また、ふぞろいの程度。

まちがい

測定者が気付かずにおかした誤り、又はその結果求められた測定値。

系統誤差

　測定結果にかたよりを与える原因によって生じる誤差。

★偶然誤差

　突き止められない原因によって起こり、測定値のばらつきとなって現れる誤差。

部分誤差

　幾つかの量の値から間接に導き出される量の値の誤差のうちで、それを構成する個々の量の値の誤差によって生じる部分。

★合成誤差

　幾つかの量の値から間接に導き出される量の値の誤差として、部分誤差を合成したもの。

総合誤差

　種々の要因によって生じる誤差のすべてを含めた総合的な誤差。

誤差限界

　推定した総合誤差の限界の値。

不確かさ（ふたしかさ）

　合理的に測定量に結びつけられ得る値のばらつきを特徴づけるパラメータ。これは測定結果に付記される。

標準不確かさ

　標準偏差で表される、測定の結果の不確かさ。

★合成標準不確かさ

　幾つかの他の量の値から求められる測定の結果の標準不確かさ。各量の変化に応じて測定結果がどれだけ変わるかによって重み付けした、分散又は他の量との共分散の和の平方根に等しい。

拡張不確かさ

　合理的に測定量に結び付けられ得る値の分布の大部分を含むと期待される区間を定める量。

包含係数

拡張不確かさを求めるために合成標準不確かさに乗じる数として用いられる数値係数。

正確さ

かたよりの小さい程度。

精度

測定結果の正確さと精密さを含めた、測定量の真の値との一致の度合い。

再現性

測定条件を変更して行われた、同一の測定量の測定結果の間の一致の度合い。

★補正

系統誤差を補償するために、補正前の結果に代数的に加えられる値又はその値を加えること。

★個人誤差

測定者固有のくせによって、測定上又は調整上生じる誤差。

★視差

読取りに当たって視線の方向によって生じる誤差。

★許容差

a) 基準にとった値と、それに対して許容される限界の値との差。

b) ばらつきが許容される限界の値。

公差

規定された最大値と最小値との差。

7）信号

入力信号

信号を処理する装置に入る信号。

出力信号

信号を処理する装置から出る信号。

アナログ信号

連続的な量の大きさで表した信号。

ディジタル信号

数値に対応した離散的な状態で表した信号。

AD 変換

アナログ信号をディジタル信号に変換すること。

★ DA 変換

ディジタル信号をアナログ信号に変換すること。

量子化

連続的な量の大きさを幾つかの区間に区分し、各区間内を同一の値とみなすこと。

量子化誤差

量子化を行うときに生じる誤差。

8) 計測器

1) 計器

a) 測定量の値、物理的状態などを表示、指示又は記録する器具。

b) a) で規定する器具で、調節、積算、警報などの機能を併せもつもの。

工業計器

工業計測を行うために用いる計測器。

試験機

材料の物理的性質、又は製品の品質・性能を調べる装置。

分析機器

物質の性質、構造、組成などを定性的，定量的に測定するための機械、器具又は装置。

2) 性能及び特性

感度

ある計測器が測定量の変化に感じる度合い。すなわち、ある測定量において、指示量の変化の測定量の変化に対する比。

識別限界

測定器において、出力に識別可能な変化を生じさせることができる入力の最小値。

付録　計測用語

測定範囲

　指定された限界内に計器の誤差が収まるべき測定量の範囲。

指示範囲

　指示可能な測定量の範囲。

信頼性

　計測器又はその要素が、規定の条件の範囲内で規定の機能と性能を保持する時間的安定性を表す性質又は度合い。

静特性

　時間的に変化しない測定量に対する、計測器の応答の特性。

直線性

　入力信号と出力信号との間の直線関係からのずれの小さい程度。

静誤差

　時間的に変化しない測定量に対する計測器の誤差。

（計器の）基値誤差

　計器を点検するために選んだ、指定した目盛値又は測定量の指定した値におけるその計器の誤差。

（計器の）零点誤差

　測定量の零値に対する基値誤差。

★ドリフト

　一定の環境条件の下で、測定量以外の影響によって生じる計測器の特性の緩やかで継続的なずれ。

安定性

　計測器又はその要素の特性が、時間の経過又は影響量の変化に対して一定で変わらない程度若しくは度合い。

動特性

　時間的に変化する測定量に対する計測器の応答の特性。

動誤差

　時間的に変化する測定量に対する計測器の誤差。

付録　計測用語

調整

計器をその状態に適した動作状態にする作業。

器差

a) 測定器が示す値から示すべき真の値を引いた値。

b) 標準器の公称値から真の値を引いた値。

固有誤差

標準状態において求めた計測器の誤差。

付加誤差

影響量の値が標準状態の値と異なるために生じる計測器の誤差。

相対基底誤差

計測器の誤差の基底値に対する比。

極差（きょくさ）

測定器の全範囲指示について器差を求めた場合の、器差の最大値と最小値との差。

ヒステリシス差

測定の前歴によって生じる同一測定量に対する指示値の差。

確度

指定された条件における誤差限界で表した計測器の精度。

★偏差

測定値から母平均を引いた値

残差

測定値から試料平均を引いた値

平均誤差

誤差の絶対値の平均値。

平均偏差

偏差の絶対値の平均値。

標準偏差

分散の正の平方根。

かいていぞうほばん　きかいけんさ　しけんたいさく　がっかへん
改訂増補版　機械検査の試験対策　学科編

平成 24 年 10 月 10 日　初　　　版　第 1 刷
令和　2 年 11 月 10 日　改訂増補版　第 1 刷

著　者　機械検査研究委員会
監　修　畑　明
発行者　小野寺隆志
発行所　科学図書出版株式会社
　　　　東京都新宿区四谷坂町 10-11　　　TEL　03-3357-3561
印刷 / 製本　昭和情報プロセス株式会社
カバーデザイン　加藤敏彰

©2020　機械検査研究委員会　著

ISBN　978-4-910354-01-9　C3053

Printed in Japan